畜禽标准化规模养殖技术丛书

肉鸭 标准化规模养殖技术

● 李 童 葛密艳 时少磊 主编

U0272040

中国农业科学技术出版社

图书在版编目（CIP）数据

肉鸭标准化规模养殖技术／李童，葛密艳，时少磊主编 . —北京：
中国农业科学技术出版社，2013.10
（畜禽标准化规模养殖技术丛书）
ISBN 978 - 7 - 5116 - 1263 - 2

Ⅰ.①肉… Ⅱ.①李…②葛…③时… Ⅲ.①肉用鸭 - 饲养管理 -
标准化 Ⅳ.①S834 - 65

中国版本图书馆 CIP 数据核字（2013）第 068936 号

责任编辑　张国锋
责任校对　贾晓红

出　版　者　中国农业科学技术出版社
　　　　　　北京市中关村南大街 12 号　邮编：100081
电　　　话　（010）82106636（编辑室）　（010）82109702（发行部）
　　　　　　（010）82109709（读者服务部）
传　　　真　（010）82106631
网　　　址　http://www.castp.cn
经　销　者　各地新华书店
印　刷　者　北京昌联印刷有限公司
开　　　本　850mm×1 168mm　1/32
印　　　张　7.75
字　　　数　220 千字
版　　　次　2013 年 10 月第 1 版　2013 年 10 月第 1 次印刷
定　　　价　22.00 元

《肉鸭标准化规模养殖技术》

编写人员名单

主　编	李　童	葛密艳	时少磊
编写人员	王友华	刘　东	闫益波
	杜春光	李长强	李连任
	李茂刚	李　童	时少磊
	宋金海	季大平	郑玉国
	葛密艳		

前　言

　　我国畜牧业正处在由传统畜牧业向现代畜牧业转型的关键时期，各种矛盾和问题集中反映在现阶段生产方式落后上，不仅是分散的小生产不适应，一些低水平规模饲养同样不能避免存在质量安全隐患和重大动物疫病风险，不能解决日益加重的环境污染问题，也不能有效保障畜产品的有效供给。

　　实施畜禽养殖标准化工程，就是要以转变发展方式、提高综合生产能力、发展现代畜牧业为核心，以高产、优质、高效、生态、安全为目标，旨在使畜禽养殖在适度规模的基础上，加快向标准化方向发展，从而提升产业整体生产力水平，提高主要畜产品的综合生产能力和有效供给保障能力。

　　肉鸭生长快、饲料报酬高、产肉多、肉质好、瘦肉率高、适应性强，一直被誉为"造肉机器"，是畜禽中生产动物蛋白质的佼佼者；肉鸭可采食大量的青绿饲料，属节粮型草食禽类，适合我国国情和畜牧业产品结构政策。因此，针对我国粮食资源短缺、动物蛋白质需求量大和消费者对瘦肉的需求日益增长，发展鸭肉生产，对丰富人们的餐桌、优化人们的食物结构、缓解粮食资源压力有着极其重要的意义。发展鸭肉生产在我国具有广阔的前景。

　　但是，我国传统肉鸭品种不能满足产业化生产的需要，饲养方式落后，鸭饲料营养研究滞后，疾病对我国肉鸭养殖业的危害还很严重，产品深加工水平也有待提高。这些问题，严重阻碍了肉鸭规模化生产的顺利进行。只有推行标准化养殖，才是肉鸭规模化养殖的出路所在。

　　本书按照规模化肉鸭场标准化生产管理的要求，分别从肉鸭良种化、养殖设施化、生产规范化、防疫制度化、粪污无害化等方面，进行了较为翔实的阐述，力求内容实用，可操作性强，以期对广大规模肉鸭养殖场（户）推行标准化生产有所帮助。但因作者水平所限，加上各地自然条件、生产方式、消费类型和消费特点等的差异，书中所述可能会与某些地区的实际生产情况或生产习惯存在一定差异，敬请读者在使用中结合当地实际情况，进行适当调整。不当之处，敬请读者指正。

编者

2013 年 4 月

目　录

第一章 肉鸭标准化规模养殖概述

第一节 我国肉鸭业的发展现状与存在的问题

一、我国肉鸭业的发展现状

（一）肉鸭业是我国的特色产业和农村经济发展的支柱产业之一

我国的养鸭业具有悠久的历史。早在公元前 500 年，我国就有大群养鸭、食用鸭肉的记载。进入 20 世纪 80 年代，养鸭业迅速发展，饲养量平均每年以 5%～8% 的速度递增。中国依然是世界鸭肉产品第一出口大国，2011 年出口鸭肉制品 44 309吨（包括白条冻鸭、分割冻鸭），出口额 15 398.08万美元，出口国包括欧盟多个国家、日本、韩国和中国台湾、香港地区等。同时带动了羽绒、食品加工、餐饮等行业的发展。在我国羽绒（毛）总产量中，鸭绒（毛）约占75% 的份额，约占世界羽绒品出口量的 65%，贸易额占世界总贸易额的 40% 左右。

此外，鸭肉是我国居民传统的十分重要的优质蛋白质来源，风味独特，富含有益于人体健康的不饱和脂肪酸。以全聚德为代表的"北京烤鸭"驰名中外，"南京咸水鸭"、"两广烧鸭"、"四川樟茶鸭"、"福建卤鸭"、"杭州老鸭煲"等深受我国消费者青睐。安全、营养、保健已经成为 21 世纪食品生产的主旋律。鸭肉产品属于高蛋白、低脂、低胆固醇食品。我国自明朝起就有关于北京鸭具有滋养

1

强身功效的记载："鸭，甘凉，滋五脏之阴，清虚痨之热，补血行水，养胃生津，止咳息惊，消螺蛳积（消除腹内积、滞，恢复脾胃运化功能）"。现代营养学家更将鸭肉、鹅肉一起推崇为人类的保健食品。随着鸭产品的营养保健作用被越来越多的人所认识、接受，鸭产品的需求量将会越来越大。

肉鸭养殖业是我国农民就业、脱贫、增收的重要产业，已经成为农民增收的新亮点，对社会主义新农村建设发挥着十分重要的作用。

（二）我国肉鸭业发展的特点

1. 肉鸭品种一枝独秀

我国的肉鸭品种资源丰富，生产性能一枝独秀。例如，我国北京鸭驰名中外，对世界大型肉鸭品种的培育和世界肉鸭业发展贡献巨大。中国农业科学院北京畜牧兽医研究所以原始北京鸭为素材经过 20 多年选育形成了 Z 形北京鸭配套系，42 日龄体重达到 3 226 克以上，瘦肉率 21%，料肉比（2.2 ~ 2.3）：1。母系种鸭 70 周龄的产蛋量达到 220 个以上。Z 形北京鸭配套系于 2005 年 12 月通过国家新品种审定。

我国北京鸭 1873 年输入美国，1874 年经美国传入英国，1888 年输入日本，1925 年引入前苏联，至今已遍布全世界，成为世界各国肉鸭生产的当家品种，约占世界大体形肉鸭生产量的 94%。国外对北京鸭经过多年选育，形成了各国的北京鸭品种或配套系。在众多的外国北京鸭品种（系）中，英国樱桃谷农场培育的北京鸭配套系（中国人称樱桃谷鸭）、法国克里莫公司培育的北京鸭配套系（中国人称奥白星鸭）和我国研究选育的北京鸭配套系的生产性能处于世界领先水平。但是，我国选育的北京鸭配套系保留了原始北京鸭肉质优良、细嫩的特点。表现为肌间脂肪含量高，42 日龄公鸭肌间脂肪含量达到 6.02%，母鸭达到 5.08%，并且肌间脂肪均匀分布在肌纤维之间。而国外公司（如樱桃谷农场）选育的北京鸭配套系的肌间脂肪在肌束之间分布不均匀，含量低，42 日龄公鸭的肌间脂肪平均值为4.31%，母鸭平均值为3.93%。

番鸭和半番鸭（骡鸭）具有胸肉率高、皮脂率低、肉质细嫩的特点。近年来我国的生产量迅速增长，主要生产区分布在福建、台湾、广东和浙江等省区。

2. 地域性、区域化发展的格局日趋明显

我国历史上鸭的生产有一定的地域性，以淮河流域以南各地为主，黄河流域及其以北地区鸭的养殖量明显较少。这主要与我国南方和北方自然气候条件有关。麻鸭的饲养集中在四川、福建、江苏、浙江、江西、广西壮族自治区（以下称广西）、广东、湖南、湖北、安徽等省区；肉鸭养殖则在华北和中原地区较多，如山东、河南、河北、北京市等地区。近年来，这个地域性、区域化格局发生了很多的变化，北方地区不仅在白羽肉鸭生产方面有快速的发展，而且麻鸭的饲养量也有大幅度增加。

3. 养殖模式日趋规范，标准化水平逐渐提高

"十一五"以前，我国肉鸭养殖场多采用传统的水上放养和放牧饲养等模式，鸭舍简陋，环境污染严重。近几年来，由于政府对环境的重视以及高效优质目标的追求，肉鸭养殖模式逐渐转向旱地围栏养殖或舍饲养殖，由地面养殖逐渐转向立体养殖。例如，标准化立体养殖、发酵床养殖等模式正在逐步推广普及。养殖模式的逐渐改变，减少了水体污染，降低了疫病的发生率。

4. 环保意识逐渐加强，健康养殖技术不断创新

近几年来，国家多次出台了各种关于环境保护的有关政策和法规，一些发达地区开始重视肉鸭养殖与加工环节中产生的废弃物的处理问题。例如，在畜牧和环保主管部门的共同协作下，有些省区已经开始对养殖场的粪便和污水污染问题进行处理，并已取得良好的效果。国家环保政策的宏观调控，对养殖模式的创新也起到了积极作用。许多企业开始改革原来的养殖模式，采用生态营养调控和粪便处理技术，引导肉鸭产业逐渐走向环保化和高效化。

5. 生产规模日趋扩大，经营模式不断完善

目前，我国肉鸭的饲养、加工和销售一体化经营模式正逐步走向良好发展轨道，种鸭场和商品肉鸭场的养殖设施层次在逐步提高，饲养规模逐渐扩大，出现了许多"肉鸭养殖合作社＋饲养户"和"公司＋饲养场（户）"等经营模式，有力地促进了肉鸭产业的健康可持续发展。

6. 产品消费趋于饱和，产品结构升级迫在眉睫

目前，我国鸭肉的消费量年均增长 3% 左右，国内鸭肉消费需求接近饱和边缘，现有产品结构和消费区域条件下，仅仅依靠需求数量的扩张而带动产业发展的难度会越来越大。加之肉鸭产品生产区和消费区之间的购销关系不够紧密，造成了肉鸭集中产区产品有时不能及时外销，阻碍肉鸭产品消费量的增长。从对外贸易角度看，我国肉鸭产品消费量绝大部分在国内，出口量占总产量的份额不足3%，且产品出口仍局限于亚洲市场。

二、我国肉鸭业发展中存在的主要问题

（一）发展理念陈旧，养殖设施相对比较落后

目前，我国农户小规模分散养殖场所占比例较大。这种分散养殖场的环境脏乱，设备设施落后，污染问题严重。主要表现在：一是传统养殖占用水域广泛，对水域环境的依赖程度高，土地资源利用率低；二是肉鸭活动的水域受到不同程度的工业或居民生活用水的污染，造成水域养殖肉鸭及其产品质量的安全隐患；三是肉鸭粪便不能进行资源化和无害化处理。为此，研究推广现代新型肉鸭健康养殖模式势在必行。例如，大力推广肉鸭旱养，不但便于疫病防控、提高生产性能（料肉比），而且降低了肉鸭饲养对水资源的依赖程度，有效控制水源污染。

在我国许多地方小型肉鸭养殖场和养殖户建造的鸭棚很简陋。有的使用塑料大棚，有的用石棉瓦敞篷，鸭舍的保温隔热性能很差，舍内的温度、湿度和空气质量难以满足鸭群健康生产的需要。

有的肉鸭场地势低洼，排水不良，舍内和运动场潮湿泥泞，不仅影响肉鸭的健康，而且使羽毛脏污不堪。

大部分养鸭户采用地面垫料平养方式，而舍内的饮水系统设置又不太合理，很容易造成垫草潮湿，肉鸭的疾病频发，因此，不得不经常使用药物，对鸭肉的质量安全带来不良影响。

（二）缺乏标准化饲养模式，行业发展雾中探路

由于我国肉鸭规模化饲养起步较晚，标准化饲养技术与模式的研究相对较少，许多饲养模式、经营模式、饲养标准、生产标准、疫病防疫和非常规饲料利用等技术需要科学家和行业管理者自己去研究和探索，没有成功的经验可以借鉴。

（三）对肉鸭概念的认识不统一

在多数人看来，肉鸭就是当前饲养数量很大的樱桃谷肉鸭、北京鸭。然而，现实生活中，肉鸭不仅包括了白羽快大型肉鸭，也包括地方麻鸭（如四川麻鸭、昆山麻鸭、桂西大麻鸭等）、番鸭和骡鸭等。在很多地方，淘汰的蛋鸭、种鸭也是肉鸭的重要组成部分。而且，番鸭、骡鸭、淘汰的种鸭和蛋鸭，销售价格比一般的快大型白羽肉鸭还高。由此，肉鸭生产的内容也随之扩展。

（四）品种选育实力薄弱，自主良种优势不够突出

目前，我国只注重引进外来品种，对地方品种的开发利用力度较小。例如，我国肉鸭饲养的主导品种主要有樱桃谷鸭，该品种几乎涵盖了我国肉鸭市场的80%以上，而且市场有逐步扩大的趋势，而我国传统的地方良种北京鸭等则得不到更好地推广。另外，还有一个不好的现象就是国外的品种引进较多，而自己培育的品种没有好好利用。过去多数省份只重视引进品种，育种技术起步较晚，育种体系很不健全，导致95%以上的品种依赖进口，地方良种性能与特色优势不够突出。

（五）发病日趋严重，诊断技术落后

受市场需求和利益的影响，我国肉鸭饲养业蓬勃发展，不同规

模的肉鸭养殖场星罗棋布。由于饲养水平参差不齐，饲养环境不能封闭，饲养密度不断加大，为各种病原微生物的繁殖、变异及传播创造了条件。加上抗生素的盲目使用，肉鸭传染性疾病不断产生新的变异。副黏病毒病、鸭病毒性肝炎、呼肠孤病毒病、鸭瘟、出血性卵巢炎等时有发生。虽然新的疫病不断出现，但缺乏相应的疫苗和快速诊断技术，疫病一旦发生，传播较快，损失较大，严重危害肉鸭业的快速发展。

（六）缺乏行业标准和规范，产品质量安全无章可循

我国作为全球水禽生产大国，至今仍无统一规范、国际认可的质量标准体系和质量控制体系，因此，肉鸭产品市场无法大步跨出国门、走向世界。行业发展配套标准缺失，产业发展没有规范导向，造成了肉鸭养殖方式落后而不规范，饲料配制、产品加工等没有统一标准，产品质量安全未来之路令人担忧，消费需求扩展和产品出口外销都容易受到阻滞。

（七）经营利润分配不均，养殖积极性不高

肉鸭产业链条上各环节的经营主体间的利益分配不尽合理，养殖户盈利较少，从加工企业方面看，即使受原材料价格上升、饲料成本增加、人工工资上涨等因素影响，肉鸭屠宰和加工利润受到一定挤压，但屠宰加工厂一般规模较大，能够获得规模效益，其经济效益仍然会高于进行养殖经营的农户。这样便形成了养殖农户和加工企业之间受益相差巨大，产业利润分配不合理的问题，打击了农户养殖肉鸭的积极性。因此，在稍发达的地区，农民会放弃肉鸭养殖，选择其他更有经济效益的生产活动，这样，便产生了肉鸭养殖区域进一步向其他禽类消费市场越来越远的欠发达地区转移的趋势。

第二节　标准化规模养殖
是肉鸭业发展的必由之路

一、农业标准化

农业标准化是一项系统工程，这项工程的基础是农业标准体系、农业质量监测体系和农产品评价认证体系建设。三大体系中，标准体系是基础中的基础，只有建立健全涵盖农业生产的产前、产中、产后等各个环节的标准体系，农业生产经营才有章可循、有标可依；质量监测体系是保障，它为有效监督农业投入品和农产品质量提供科学的依据；产品评价认证体系则是评价农产品状况，监督农业标准化进程，促进品牌、名牌战略实施的重要基础体系。农业标准化工程的核心工作是标准的实施与推广，是标准化基地的建设与蔓延，由点及面逐步推进，最终实现生产的基地化和基地的标准化。同时，这项工程的实施还必须有完善的农业质量监督管理体系、健全的社会化服务体系、较高的产业化组织程度和高效的市场运作机制作保障。

二、肉鸭的标准化规模养殖

标准，是生产过程中需要遵循的规范，就是为了保证生产的产品能够符合消费者的需求。肉鸭的标准化规模养殖，就是按照国家制定的有关标准生产鸭肉的全过程。

肉鸭标准化规模养殖的目的是将相关领域的科技成果和当今肉鸭生产实际相结合，按照无公害肉鸭产品的标准要求，制定成"文字简单、通俗易懂、逻辑严密、便于操作"的技术标准和管理标准，向肉鸭养殖生产者和养殖企业推广，最终生产出质优、量大的鸭肉供应市场，不但能使企业和养殖户增收，同时还能很好地保护生态环境，更重要的是能够为消费者提供质量安全可靠的鸭肉产品，而且为促进鸭肉的出口奠定质量基础。

肉鸭标准化规模养殖的内涵是指肉鸭生产经营活动要以市场为导向，以产品的质量安全为准则，建立健全规范化的生产工艺流程和产品质量衡量标准，为我国肉鸭生产的标准化、规范化、安全化提供条件。

三、肉鸭标准化规模养殖是现代畜牧业发展的必由之路

近年来，我国肉鸭业虽然取得了长足发展，但是，当前我国肉鸭养殖业正处于向现代畜牧业转型的关键时期，各种矛盾和问题凸显：生产方式落后，鸭肉产品质量存在安全隐患，疫病防控形势依然严峻，大宗鸭肉产品市场波动加剧，低水平规模饲养带来的环境污染日趋加重。这些问题的存在，已不能适应全社会对于鸭肉产品有效供给和质量安全、公共卫生安全以及生态环境安全的要求，成为制约现代肉鸭养殖业可持续发展的瓶颈。

发展肉鸭的标准化规模养殖，是加快生产方式转变、建设现代畜牧业的重要内容。当前，肉鸭标准化规模养殖仍然面临规模养殖比重低、标准化水平不高、粪污处理压力大等问题的挑战。因此，当务之急必须立足当前、着眼长远，加快肉鸭养殖业生产方式转变，继续深入推进标准化规模养殖，以规模化带动标准化，以标准化提升规模化，逐步形成肉鸭标准化规模养殖发展新格局。

第三节　肉鸭标准化规模生产应具备的条件

一、人员素质要提高

在标准化规模养殖场中，按照规定至少要配备1名具有中级职称或相关专业大专以上学历的专业技术人员。没有专门的技术人员，企业的标准化生产是无法得以开展的。

二、熟悉肉鸭市场需求变化

作为肉鸭生产者和经营者，投资之前要认真进行市场调研，广泛听取各方意见，了解市场对某种产品的需求量和供应情况。目前，肉鸭养殖已经不是稳定高效益的产业，投资风险大，而且这种风险在很大程度上来自市场价格的变化。标准化规模养殖，对于市场信息的把握也是不可缺少的环节之一。

在肉鸭生产实践中，也要时刻关注市场变化的信息。任何一种商品的市场供应情况不会一直不变，都处于波动的变化过程中，而这种变化通常体现在商品的市场价格上。同时，这种变化是有一定规律的，对于经营者来说，需要通过分析市场行情来把握市场变化规律，决定饲养的时间和数量等，使产品的主要供应市场阶段与该产品的市场高价格时期相吻合。

三、肉鸭的品种良种化

品种决定生产效益的高低，不同的肉鸭品种其生产性能和产品质量有很大差别。因此，选择优良肉鸭品种是肉鸭生产的关键。

（一）产品要符合市场需求

我国地域辽阔，各地消费习惯、烹调技术有差异，造成了不同地区的消费者对产品质量的认可程度不同。因此，在选择饲养肉鸭品种时，必须符合当地或消费者的消费习惯。

（二）生产性能要高

各个肉鸭品种之间的生产性能差异较大，如樱桃谷肉鸭6周龄平均体重在3千克以上，而传统的北京鸭只能达到2～2.5千克。普通番鸭的10周龄体重（公母平均）约2千克，而杂交麻鸭10周龄体重约1.7千克，许多地方良种麻鸭10周龄体重可能只有不足1.5千克。由此可见，选择生产性能高的品种对于提高生产水平是非常重要的。

所选肉鸭品种要有良好的适应性和抗病力。有的品种在某些地区尤其是原产地能够表现出良好的生产水平，但是引种到其他地区就有可能降低生产性能和抗病力。

四、肉鸭养殖设施化

肉鸭的标准化规模养殖对生产设施的要求高。因为优良的生产设施能够为肉鸭提供一个适宜的生活和生产环境，能够有效地缓解外界不良条件对肉鸭的影响，有利于卫生防疫和饲养管理操作，以降低生产成本、提高劳动效率。

肉鸭的生产设施包括场地、鸭舍、环境控制设备、饲养管理和卫生防疫设备等。

五、饲料营养全价化

当前，肉鸭的生长速度和饲料转化率都很高，这种高的生产水平是由其遗传品种所决定的，而这种遗传潜力的发挥则很大程度上受饲料质量的影响。优质的饲料是发挥其高产遗传潜力的重要基础，如果饲料质量不好，高产肉鸭品种也难以表现出优越的生产性能。

饲料质量不仅影响肉鸭的生产水平，对其产品质量的影响也很显著，如屠体脂肪含量、屠体的外观特征等。饲料中的某些成分还能进入肉内，进而影响肉的质量。

饲料的全价性表现在所配制的饲料含有肉鸭生长发育所需要的各种营养素，而且这些营养素的含量刚好能够满足肉鸭的实际需要，既不缺少，也不多余。要满足这个要求就必须选择优质的饲料原料，根据鸭群的日龄、饲养季节和饲养方式调整饲养标准，按照饲料加工工艺的要求生产。

六、疫病防治制度化

疫病是当前困扰肉鸭生产的重要问题之一。肉鸭一旦染病，损失的往往不仅是肉鸭的个体，群体的生长速度下降，残次个体增多，用药成本升高，而且还常常造成鸭肉中微生物污染和药物残留。

肉鸭的疫病防控，一靠先进的设施设备，二靠全面的防疫制度，三靠有效的药品。设施是硬件，没有相应的设施设备，就无法有效落实卫生防疫制度；制度是经过系统研究制定出来的科学的管理方法，是卫生防疫措施实施的依据，但是制度需要严格的落实才能有效；药品（包括消毒药、抗生素、抗寄生虫药、疫苗等）的质量和使用方法直接关系到卫生防疫效果。

七、饲养管理技术规范化

规范化的饲养管理技术包含了生产过程的每个环节，是其各项条件经过合理整合后形成的一个新的体系，包含了生产各环节的所有内容。它要求根据不同生产目的、生理阶段、生产环境和季节等具体情况，选择恰当的配合饲料、采取合理的饲喂方法、调整适宜的环境条件、采取综合性卫生防疫措施，以满足肉鸭的生长发育和生活需要，创造达到最佳的生产性能的条件。

八、粪污处理无害化

粪便和污水对养殖环境造成的污染已经成为肉鸭健康养殖的主要限制因素。这是由于在肉鸭养殖生产过程中产生的粪便（包括垫料）、污水没有经过无害化处理，随意堆放和流淌，尤其是在下雨之后，粪水到处流淌，严重污染养殖场周围环境。地下水中氮、磷、细菌总数超标，土壤富营养化，鸭舍及设备用具表面被微生物污染。其结果是养殖时间越长，鸭群发病越多。

粪便和污水的无害化处理是指将养殖过程中产生的粪便经过高温烘干或堆积发酵处理，通过高温杀灭粪便中的病原体；污水经过沼气化处理，通过厌氧发酵，在杀灭病原体的同时产生沼气，用于加热、照明，沼液和沼渣可以作为有机肥使用。

第二章 适于标准化规模养殖的优良肉鸭品种与繁育

第一节 国内著名的肉鸭品种及其特点

一、北京鸭

(一) 产地与分布

北京鸭(图2-1)是世界上最著名的肉鸭品种。北京鸭原产于我国北京近郊,已有300多年的历史,其饲养基地在京东大运河及潮白河一带。后来的饲养中心逐渐迁至北京西郊玉泉山下一带护城河附近。北京鸭在我国除北京、天津、上海、广州饲养较多外,全国各地均有分布。北京鸭具有生长快、繁殖率高、肉质好等特点,以北京鸭为原料加工制作的烤鸭名扬世界,享誉中外。

(二) 外貌特征

北京鸭体形硕大丰满,挺拔强健。头较大,颈粗、中等长度;体躯呈长方形,前胸突出,背宽平,胸骨长而直;两翅较小,紧附于体躯两侧;尾羽短而上翘,公鸭尾部有2~4根向背部卷曲的性指羽。母鸭腹部丰满,腿粗短,蹼宽厚。喙、胫、蹼橙黄色或橘红色;眼的虹彩蓝灰色。雏鸭绒毛金黄色,称为"鸭黄",随着日龄增加颜色逐渐变浅,至4周龄前后变为白色羽毛。

(三) 生产性能

初生雏鸭体重为58~62克,3周龄体重1.75~2.0千克,9周龄

图 2 - 1 北京鸭

体重 2. 50 ~ 2. 75 千克。商品肉鸭 7 周龄体重可达到 3. 0 千克以上。料肉比为（2. 8 ~ 3. 0）：1。成年公鸭体重 3. 5 千克，母鸭 3. 4 千克。性成熟期 150 ~ 180 日龄。公母配种比例 1：（4 ~ 6），受精率 90% 以上。受精蛋孵化率为 80% 左右。一般生产场一只母鸭可年产 80 只左右的肉鸭苗。

北京鸭填鸭的半净膛屠宰率公鸭为 80. 6%，母鸭为 81. 0%；全净膛屠宰率公鸭为 73. 8%，母鸭为 74. 1%；胸腿肌占胴体的比例公鸭为 18%，母鸭为 18. 5%。北京鸭有较好的肥肝性能，填肥 2 ~ 3 周肥肝重可达 300 ~ 400 克。

二、天府肉鸭

（一）产地与分布

天府肉鸭（图 2 - 2）系四川省原种水禽场与四川农业大学家禽育种实验场利用引进肉鸭父母代和地方良种为育种材料，经过 10 年选育于1986年底育成的大型肉鸭商用配套系，分为白羽系和麻羽系。广泛分布于四川、重庆市、云南、广西、浙江、湖北、江西、贵州、海南等省区市，表现出良好的适应性和优良的生产性能。

天府肉鸭配套系（白羽）

天府肉鸭配套系（麻羽）

图2-2 天府肉鸭

（二）外貌特征

体形硕大丰满，挺拔美观。头较大，颈粗、中等长，体躯似长方形，前躯昂起与地面呈30°角，背宽平，胸部丰满，尾短而上翘。母鸭腹部丰满，腿短粗，蹼宽厚。公鸭有2~4根向背部卷曲的性指羽。羽毛丰满而洁白。喙、胫、蹼呈橘黄色。初生雏鸭绒毛黄色，至4周龄时变为白色羽毛。

（三）生产性能

天府肉鸭雏鸭初生重55克，商品鸭4周龄体重1.6~1.8千克，料肉比（1.8~2.0）：1；5周龄重2.2~2.4千克，料肉比（2.2~2.5）：1；7周龄体重3.0~3.2千克，料肉比（2.7~2.9）：1。

种鸭一般 182 天开产，76 周龄入舍母鸭年产蛋 230～240 枚，蛋重 85～90 克，受精率 90% 以上，每只种鸭年产雏鸭 170～180 只，达到肉用型鸭种的国际领先水平。

三、建昌鸭

建昌鸭（图 2-3）原产于四川省凉山彝族自治州。建昌鸭体长，背宽，胸丰满突出，腹较深，尾部丰满，躯干近于方形，喙、脚、蹼为橘黄色。公鸭羽毛为绿灰色，母鸭为黄麻色。

成年公鸭体重 1.6 千克，母鸭 1.7 千克；母鸭年产蛋 120～150 枚或以上，蛋重 70 克。肉鸭经短期填肥，肥肝重达 350～400 克。

图 2-3　建昌鸭

四、昆山大麻鸭

昆山大麻鸭（图 2-4）属肉蛋兼用型。公鸭体躯长、胸宽而饱满，头大呈方形，头颈部为乌金绿色，上躯及尾部为棕黑色，翼部及下腹部两侧均为芦花色，喙呈淡青绿色，脚橘红色，爪黑色。母鸭颈粗体长，胸宽而深，臀部呈方形，全身麻雀毛色，主翼羽为绿色，喙青灰色，喙边黄绿色，脚橘黄色，爪肉色。

成年公鸭体重约为 3.5 千克，母鸭 3.25 千克。在限制饲养条件下，50% 开产日龄为 200 日龄，年产蛋 140～160 枚，蛋重 80 克，蛋壳多为米黄色，间有青色者。

图 2 - 4　昆山大麻鸭

五、高邮鸭

　　高邮鸭（图 2 - 5）原产于江苏省高邮、宝应等地区，属肉蛋兼用型麻鸭。公鸭头部和颈部的上端为深绿色，颈下部黑色，至腰部转为褐色细芦花纹，前胸棕色，腹部白色，喙淡青色；母鸭为米黄色和麻雀色。公母鸭脚均为橘黄色。雏鸭黄绒毛，黑头星，黑背线，黑尾巴。该鸭潜水觅食能力强，在自然饲料丰足的季节里，以常产双黄蛋著称。生长较快，易肥育而肉质好。成年公鸭体重 3 ~ 3.5 千克，母鸭为 2.5 ~ 3 千克。母鸭 180 天开产，年产蛋 160 枚，蛋重平均 70 ~ 90 克。

图 2 - 5　高邮鸭

六、桂西大麻鸭

桂西大麻鸭是广西最大型的地方麻鸭品种，属肉用型鸭。主要产于靖西、德保两县，那坡县也有分布。羽色分为深麻色（叫马鸭）、浅麻色（叫凤鸭）、黑背白胸（叫乌鸭）等。头小、颈细长，体躯短近似椭圆形，喙、胫多为黄色或铅色。

桂西大麻鸭适于放牧饲养，与北京鸭相比，胸肉薄，屠宰率低。成年公鸭平均体重 2.66 千克，母鸭 2.47 千克，喂混合饲料时，50日龄重达 1.7 千克，料肉比 2.89 : 1。母鸭 130 ~ 140 日龄开产，年产蛋 160 枚，蛋重 80 ~ 90 克。经 10 ~ 15 天育肥，每只平均增重可达 0.5 ~ 0.7 千克。

七、金定鸭

金定鸭（图 2 - 6）是蛋肉兼用型鸭，原产我国福建省。该鸭体

图 2 - 6　金定鸭

形较小，体躯呈狭长形，头中等大，颈细长，有的颈部有白圈，喙较宽，呈黑色，也有棕黄色及黑褐色。眼大而突出，尾翘，两翼紧

贴。公鸭头部蓝绿色，前胸赤棕色，尾羽黑色，腹部灰白色；母鸭全身黄麻色，可分为赤麻、赤眉和白露眉三种主要类型。脚和蹼橘红色。

金定鸭的公鸭生长较慢，成年公鸭体重只有 1.6 ~ 2 千克，母鸭体重 1.9 ~ 2.4 千克。母鸭平均开产日龄在 120 ~ 130 天，平均年产蛋量 240 ~ 280 枚，蛋重 60 ~ 80 克，蛋壳多为绿色，也有灰白色的。金定鸭适应性强，觅食力强，耐盐性高，羽毛防潮性能好，适应放牧，尤其适合于海滩放牧，也适宜水田放牧饲养。

八、巢湖鸭

巢湖鸭主要产于安徽省中部，巢湖周围的庐江、居巢、肥西、肥东等县区。本品种具有体质健壮、行动敏捷、抗逆性和觅食性能强等特点，是制作无为熏鸭和南京板鸭的良好材料。

巢湖鸭体形中等大小，体躯长方形，匀称紧凑。公鸭的头和颈上部羽毛墨绿，有光泽，前胸和背腰部羽毛褐色，缀有黑色条斑，腹部白色，尾部黑色。喙黄绿色，虹彩褐色，胫、蹼橘红色，爪黑色。母鸭全身羽毛浅褐色，缀黑色细花纹，翼部有蓝绿色镜羽，眼上方有白色或浅黄色的眉纹。

成年巢湖鸭体重，公鸭 2.1 ~ 2.7 千克，母鸭 1.9 ~ 2.4 千克。开产日龄 140 ~ 160 天，年产蛋量 160 ~ 180 个，平均蛋重为 70 克左右，蛋形指数 1.42，壳色白色居多，青色少。肉用仔鸭 70 日龄体重 1.5 千克，90 日龄体重 2 千克。公母鸭配比早春为 1∶25，清明后为 1∶33，种蛋受精率 90% 以上。利用年限，公鸭 1 年，母鸭 3 ~ 4 年。屠宰测定：半净膛率为 83%，全净膛率为 72% 以上。

第二节 国外著名的肉鸭品种及其特点

一、樱桃谷肉鸭

（一）产地与分布

樱桃谷肉鸭（图2-7）是英国樱桃谷农场引入北京鸭和埃里斯伯里鸭为亲本，杂交选育而成的配套系鸭种，是世界上著名的肉用鸭品种，具有生长速度快、饲料转化率高、抗病力强、适应性强、肉质好等特点。该品种具有9个品系，其中5个为白羽系，其余为杂色羽系。1981年就开始引进我国，L2型商品代和SM系超级肉鸭深受欢迎，已在全国多个省市饲养，推广面较大，是多年来饲养量较大的快大型肉鸭品种之一。

（二）外貌特征

该鸭外形与北京鸭相似。雏鸭羽毛呈淡黄色，成年鸭全身羽毛白色，少数有零星黑色杂羽；喙橙黄色，少数呈肉红色；胫、蹼橘红色。该鸭体形硕大，体躯呈长方块形；公鸭头大，颈粗短，有2~4根白色性指羽。

（三）生产性能

早期生长极为迅速，5周龄可达2.5千克，料肉比（2.0~2.2）：1。现在培育出的改进型樱桃谷肉鸭在47日龄活重3.4千克。

父母代母鸭66周龄产蛋220个，蛋重85~90克，蛋壳白色。父母代种鸭公母配种比例为1：（5~6），受精率90%以上，受精蛋孵化率85%，每只母鸭在40周的产蛋期内可提供商品代雏鸭苗150~160只。

图 2-7　樱桃谷肉鸭

二、狄高鸭

（一）产地

狄高鸭（图 2-8）是澳大利亚狄高公司引入北京鸭选育而成的大型肉鸭配套系。20 世纪 80 年代引入我国。1987 年广东省南海市种鸭场引进狄高鸭父母代，生产的商品代肉鸭反应良好。

图 2-8　狄高鸭

（二）外貌特征

狄高鸭的外形与北京鸭相似。全身羽毛白色。头大颈粗，背长宽，胸宽，尾稍翘起，性指羽 2 ~ 4 根。

（三）生产性能

初生雏鸭体重 55 克左右。商品肉鸭 7 周龄体重 3.0 千克，料肉比（2.9 ~ 3.0）∶1；半净膛屠宰率 85% 左右，全净膛率（含头脚重）79.7%。

狄高鸭 33 周龄产蛋进入高峰期，产蛋率达 90% 以上。年产蛋量200 ~ 230 个，平均蛋重 88 克，蛋壳白色。公母配种比例 1∶（5 ~ 6），受精率 90% 以上，受精蛋孵化率 85% 左右。父母代每只母鸭可提供商品代雏鸭 160 只左右。

三、瘤头鸭（番鸭）

（一）产地与分布

瘤头鸭（图 2 - 9）又称疣鼻鸭、麝香鸭，中国俗称番鸭。原产于南美洲和中美洲的热带地区。瘤头鸭由海外洋舶引入我国，在福建至少已有 250 年以上的饲养历史。除福建省外，我国的广东、广西、江西、江苏、湖南、安徽、浙江等省区均有饲养。国外以法国饲养最多，占其养鸭总数的 80% 左右。此外，美国、前苏联、德国、丹麦和加拿大等国均有饲养。瘤头鸭以其产肉多而日益受到现代家禽业的重视。

（二）外貌特征

瘤头鸭体形前宽后窄呈纺锤状，体躯与地面呈水平状态。喙基部和眼周围有红色或黑色皮瘤，雄鸭比雌鸭发达。喙较短而窄，呈"雁形喙"。头顶有一排纵向长羽，受刺激时竖起呈刷状。头大、颈粗短，胸部宽而平，腹部不发达，尾部较长；翅膀长达尾部，有一定的飞翔能力；腿短而粗壮，步态平稳，行走时体躯不摇摆。公鸭叫声低哑，呈"咝咝"声。公鸭在繁殖季节可散发出麝香味，故称为麝香鸭。瘤头鸭的羽毛分黑白两种基本色调，还有黑白花和少数银灰色羽色。

黑色瘤头鸭的羽毛具有墨绿色光泽；喙肉红色有黑斑；皮瘤黑红色；眼的虹彩浅黄色；胫、蹼多为黑色。白羽瘤头鸭的喙呈粉红色，皮瘤鲜红色，眼的虹彩浅灰色；胫、蹼黄色。黑白花瘤头鸭的喙为肉红色带有黑斑，皮瘤红色，胫、蹼黄色。

图 2 - 9　瘤头鸭

（三）生产性能

初生雏鸭体重40克，8周龄公鸭体重1.31千克，母鸭1.05千克；12周龄公鸭2.68千克，母鸭1.73千克。瘤头鸭的生长旺盛期在10周龄前后。成年公鸭体重3.0~3.5千克，母鸭1.8~2.1千克。

采用瘤头鸭公鸭与本地的母鸭杂交，生产属间的远缘杂交鸭，称为半番鸭或骡鸭。半番鸭生长迅速，饲料报酬高，肉质好，抗逆性强。用瘤头鸭公鸭与北京鸭母鸭杂交生产的半番鸭，8周龄平均体重2.16千克。

瘤头鸭成年公鸭的半净膛屠宰率81.4%，全净膛屠宰率74%；母鸭的半净膛屠宰率84.9%，全净膛屠宰率75%。瘤头鸭胸腿肌发达，公鸭胸腿重占全净膛的29.63%，母鸭为29.74%。据测定，瘤头鸭肉干物质中的蛋白质含量高达33%~34%，福建省和台湾省当地人视此鸭肉为上等滋补品。

10 ~ 12 周龄的瘤头鸭经填饲 2 ~ 3 周，肥肝可达 300 ~ 353 克，肝料比 1：(30 ~ 32)。

母鸭 180 ~ 210 日龄开产。年产蛋量一般为 80 ~ 120 个，高产的达 150 ~ 160 个。蛋重 70 ~ 80 克，蛋壳玉白色。公母配种比例 1：(6 ~ 8)，受精率 85% ~ 94%，孵化期比普通家鸭长，为 35 天左右。受精蛋孵化率 80% ~ 85%，母鸭有就巢性，种公鸭利用期为 1 ~ 1.5 年。

四、海格肉鸭

海格肉鸭是丹麦培育的优良肉鸭品种。该品种肉鸭适应性强，既能水养，又能旱养，特别能适应南方夏季炎热的气候条件。

海格肉鸭 43 ~ 45 日龄上市，体重可达 3.0 千克，料肉比 2.8：1，该鸭羽毛生长较快，45 日龄时，翼羽长齐达 5 厘来，可达到出口要求。海格肉鸭肉质好，腹脂较少，适合对低脂肪食物要求的消费者的需求。

第三节　肉鸭的选种与培育

一、种鸭的主要性状

选种工作过去十分重视体形外貌，非常强调羽毛颜色的整齐一致；而现代的选种标准，则侧重于主要经济性状，并且对不同的专门化品系有不同的选种标准，如肉鸭和蛋鸭，它们选种的侧重点完全不同。在肉鸭的配套品系中，作父系和作母系的要求也不同。

肉用型鸭在选种时，要首先考虑以下几个性状：早期（3 周龄、7 周龄）体重；成年体重；肉用仔鸭料肉比；羽毛生长速度；屠宰率（半净膛率、全净膛率）；胸肌率；腿肌率；脂肪率；开产日龄；产蛋量；种蛋受精率、孵化率；7 周龄仔鸭成活率；种鸭产蛋期存活率。

（一）体重

体重是肉鸭很重要的一个经济性状。肉鸭要求一定的成年体重，更着重于早期的生长速度。体重和生长速度的遗传性都比较高，通过个体选择和家系选择均有效。体重与性成熟和饲料消耗量相关，体重大的一般性成熟晚，饲料消耗多；体重轻的开产早，耗料少。

（二）饲料转化率

指消耗若干饲料后能取得肉产品的多少，又称饲料报酬、饲料转换率。由于饲料成本占养鸭总成本 70% 左右，所以，饲料转化率是一个重要的经济性状。饲料转化率的性状是可以遗传的，品系和个体之间常存在着明显的差别，通过选种可有所提高。

提高饲料转化率有两条途径，一是提高种鸭的产肉量或增重速度，二是降低饲料消耗，改善饲料转化为产品的能力。只有从上述两个方面进行选育，才能较快获得理想的效果。

（三）生活力

通常都用存活率或死亡率来表示，这是鸭对不良条件的适应能力，也是经济效益有直接关系的重要性状。肉鸭生活力考察还需加上仔鸭 7 周龄成活率一项。生活力的遗传性很低，所以，个体选择是无效的，必须采用家系选择法。

（四）肉的品质

这项性状对肉用鸭尤为重要。优秀的肉鸭品种，不仅要求屠宰率、半净膛率、全净膛率都要高，而且胸肌率和腿肌率也要高，前 3 项是指出肉率的高低，后 2 项是指屠体的结构和品质。胸、腿肌肉占全净膛的比例高，即屠体品质好。不同的品种有不同的肉质和风味，选种时要注意，对肉用型鸭来说，除上述要求外，还要测定脂肪（腹腔脂、皮下脂）的含量和占全净膛屠体的比例，脂肪含量越低，越能适应消费市场的需要。此外，选择肉用性状时，还要注意选择渗水率、嫩度、pH 值、粗蛋白含量、肌间脂肪含量、肌纤维直径和密度等影响肉品质的物理性状和化学性状。

屠体重量和屠体结构有较高的遗传性，通过个体选择可获得改进。

（五）肉用性能

1. 活重

指在屠宰前停饲 12 小时后的重量，以克为单位（以下同）。

2. 屠体重

放血去羽毛后的重量（湿拔法须沥干）。

3. 半净膛重

屠体去气管、食管、嗉囊、肠、脾和生殖器官，留心、肝（去胆）、肾、肺、腺胃、肌胃（除去内容物及角质膜）和腹脂（包括腹部板油及肌胃周围的脂肪）的重量。

4. 全净膛重

半净膛去心、肝、腺胃、肌胃、腹脂的重量。

5. 常用的几项屠宰率的计算方法

① 屠宰率为屠体重占活重百分比。② 半净膛率为半净膛重占活重的百分比。③ 全净膛率为全净膛重占活重的百分比。④ 胸肌率为胸肌重占全净膛重的百分比。⑤ 腿肌率为大小腿净肌率，为大小腿净肌肉重占全净膛重的百分比。

6. 饲料转化率（料肉比）

肉用仔鸭料肉比 = 肉用仔鸭全程耗料量（千克）÷总增重（千克）

二、选种方法

优良种鸭的选择，通常采用的有两种方法：一是根据体形外貌和生理特征选择；二是根据记录的资料选择。有条件的地方可将两种方法结合起来使用。

（一）根据体形外貌进行选择

这种方法适合缺乏记录资料的养鸭场应用。外貌选择必须符合该品种特征的要求。

1. 种鸭的选择

肉用型公鸭要选择体大，身长，颈粗，背直而宽，胸骨正直，体躯长方形，与地面呈水平状，尾稍上翘，腿的位置近于体躯中央，站立雄壮稳健，阴茎发育良好，性羽发达而明显的公鸭。

肉用型母鸭要选择头大而宽圆，喙宽而直，颈粗、中等长，胸部丰满向前突出，背长而宽，腹部深，脚粗而稍短，两脚间距宽的母鸭。

2. 种蛋的选择

种鸭选好后，应根据该品种固有的要求选择种蛋。如蛋壳颜色、蛋重、蛋形。此外还要将"沙壳蛋"（蛋壳上有沙点）、薄壳蛋和"钢皮蛋"（蛋壳特别坚硬，敲击时声音发脆）剔除。

3. 雏鸭的选择

种蛋选好后，孵出小鸭时再进行一次挑选。选择雏鸭，一看绒毛颜色，二看喙的颜色，三看蹠、蹼、趾的颜色，把不符合本品种特征的变种淘汰。此外，还要将硬脐（脐带收缩不好，腹部有硬块）的弱雏淘汰。

4. 青年鸭的选择

分两个阶段进行，第一阶段在育雏结束时，第二阶段在10周龄时（肉鸭可以稍晚几周），此时骨架已经长成，除主翼羽外，全身羽毛基本长好。这两个阶段的选择标准，第一看生长发育水平，将生长慢、体重轻的不符合本品种要求的次鸭淘汰；第二看体形外貌，将羽毛颜色和喙，蹠、蹼、趾的颜色不符合本品种要求的个体淘汰。

5. 开产前期的选择

此项选择在肉鸭150日龄左右入舍时进行，将已培育好的青年鸭，除根据本品种对体形外貌和体重的要求选择外，还要观察以下5个方面：一是羽毛着生紧密，毛片细致，有光泽；二是胸骨硬而突出，肋骨硬而圆，肌肉结实；三是嘴长、颈长、体躯长；四是眼睛突出有神，虹彩符合本品种标准；五是腹部发育良好，宽大柔软，趾骨间和趾骨与龙骨之间的距离要大。将符合要求的个体选进种鸭舍饲养。

（二）根据记录成绩进行选择

关于产蛋性能，单凭体形外貌的选择还不能明确被选择个体的确切成绩，产量相差不大的个体有时还会发生错误的判断。只有依靠科学测定的记录资料，进行统计分析，才能作出比较正确的选择。

一个正规的育种场，必须对各项生产性能做好记录。通常在鸭的育种工作中，必须记载的项目有：产蛋量、蛋重、蛋形指数、开产日龄、饲料消耗量、种蛋受精率、孵化率、雏鸭成活率、产蛋期成活率、初生体重、育雏结束时体重、育成期末体重、开产期体重、500日龄体重等。

取得上述记录资料后，就可以从4个方面进行选择。

1. 从系谱资料进行选择

就是根据双亲及祖代的成绩进行选择。尤其是公鸭，本身没有产蛋记录，在后代尚未繁殖的情况下，系谱就是主要依据，因为亲代或祖代的表现在遗传上有一定相似性，可以据此对被选的种鸭作出大致的判断。在运用系谱资料时，血缘关系愈近影响愈大，亲代的影响比祖代大，祖代比曾祖代大。

2. 从本身成绩进行选择

系谱资料反映上代的情况，只说明生产性能可能怎么样，而本身的成绩，则说明其生产性能已经怎样了。这是选种工作的重要依据，每个育种场必须做好个体记录。但是，依据本身成绩进行的选择，只适用于遗传性高的性状，这样选择才能取得明显的效果。

3. 从同胞姐妹的成绩进行选择

同父、同母的兄弟姐妹叫全同胞，同父、异母或同母、异父的兄弟姐妹叫半同胞，它们之间有共同的祖先，在遗传上有一定相似性，尤其在选择公鸭的产蛋性能方面，可以作为主要依据之一。

4. 从后裔的成绩进行选择

以上3项选择，可以比较正确地选出优秀的种鸭，但它是否能够真实稳定地将优秀性状遗传给下一代，还必须进行后裔测定，了解下一代子女的成绩，选择才能更准确，更有效。

三、育种方法

标准化的商品肉鸭场饲养水平都很高。在这种情况下，想要获得比较好的经济效益，品种的好坏起决定作用。现代家禽的育种，强调群体的生产性能。要求提供商品生产的鸭群，必须健康无病，生命力强，高产（肉用鸭要求生长快、饲养期短），饲料转化率高，比较早熟、整齐。因此，要求已有标准品种的基础上，选育出若干专门化的品系，然后进行配合力测定，选出优秀的配套组合，通过配套杂交，生产高性能的肉鸭。

（一）品系繁育方法

品系是指一个品种内，由于育种的方法和目的的不同，形成具有一定特征或突出优点的群体，并能将这些特征或优点稳定地遗传下去。品系繁育的方法很多，常用的有以下几种。

1. 近交建系法

近交是指血缘相近的个体之间，如连续全同胞交配、连续半同胞交配、亲子（父女或母子）交配、祖孙级进行交配等。经过若干世代以上，半同胞交配需连续4个世代以上（表2-1）。

近交可增加群体的纯合性，但往往导致后代生活力下降，出现近交衰退现象，有时会使建系中断。因此，在建立近交关系之初，需要大量的原始素材，特别是母鸭越多越好，但公鸭不宜过多，以免近交后群体中出现过多的纯合类型，影响近交系建立。

表2-1　不同交配方法各世代的近交系数

近交世代数	全同胞交配	半同胞交配	级进交配
1	0.250	0.125	0.250
2	0.375	0.219	0.375
3	0.500	0.305	0.438

（续表）

近交世代数	全同胞交配	半同胞交配	级进交配
4	0.594	0.381	0.469
5	0.672	0.449	0.484
6	0.734	0.509	0.492
7	0.785	0.568	0.495
8	0.826	0.611	0.498
9	0.859	0.654	0.499
10	0.886	0.691	0.499

组成近交系的基础群体中的个体，要进行严格的选择。参与近交的母鸭最好是来自经过生产性能测定的同一家系，公鸭最好来自经过后裔测定的优秀个体。

在近交建系的进程中，要密切注意是否出现了所要求的优良性状的组合，最好近交系结合进行配合力测试，一旦发现配合力高的近交系时，就要放慢近交进程，把重点放在扩散上，以加快育成优良的近交系。

2. 系祖系建系法

选出一个符合选育目标的优秀个体作为系祖，环绕这个系祖进行近交，大量繁殖并选留它的后代，扩大该理想型的个体的数量，并巩固其遗传性，从而使系祖个体所特有的优良品质变为群体共有的优良品质。用这种方法培育的鸭群一般具有该系祖的突出优点，称为系祖系，通常用系祖的名称（编号）命名。

进行系祖系建系时，还要注意以下3点。

（1）要选好系祖　系祖的主要性状要很突出，但其他性状也要有一定的水平。为了选准系祖，最好运用后裔测定和测交的方法，证明所选的系祖能将优良性状稳定地遗传下去，且无不良基因。

（2）进行有计划的选配　使系祖具有的突出优点，保证后代能集中地传递下去，因此要尽量选配没有亲缘关系的同类型配偶（或称同质选配）。但对于带有某些缺点的系祖，也可进行一定程度的异质选配，用配偶的优点来弥补系祖的不足。

（3）要加强对后代的选择和培育　由于系祖的后代并不是都能继承系祖的优良性状，要不断地选择那些能较完整地继承并遗传系祖优良性状的个体，淘汰那些性状较差、不能继承系祖突出特点的个体。为此，可以采取用同雌异雄轮配法以扩大后代的数量，从中选出理想而可靠的继承个体。

3. 闭锁群建系法

又称继代选育法。在建系之初，选集并组成基础群，然后把这个基础群封闭起来，在若干世代内，不再引入种鸭，只在基础群内，根据生产性能和外貌特征，进行相应的选种选配，使鸭群中的优秀性状迅速集中，并转而成为群体共有的性状，因此又称品群系。它所采用的配种制度，一般都是随机交配，避免有意识的近交，以减慢近交的进程，不致生活力迅速衰退。另外，由于采用继代选育法，每一代选留的都是性状最理想的个体，它们基本上是同质的，故不必进行严格的选配，因此建系方法比较简单易行。进行闭锁群建系时，要注意以下4点。

（1）基础群应有一定的数量　因为个体太少难以获得较理想的基因组合，影响建系的质量和进展，导致近交程度的提高，增加了近交衰退的危险。一般认为，基础群的每一代数量以1 000只母鸭、200只公鸭较为理想。

（2）基础群应具有广泛的遗传基础　封闭以后的鸭群，将来建成的新品系性状，只限于基础群基因素材以内的范围，不可能出现基础群基因所控制范围以外的性状。所以，要根据建系的目标，将新品系预定的特征、特性汇集在基础群的基因库中，为建系打好基础。同时，群内个体的近交系数应为零，至少大部分个体不是近交后代。

（3）要严格封闭　所有更新的后备种鸭都必须从基础鸭的后代中选择，至少应封闭4~6代，如过早引入种鸭，会影响鸭群遗传稳定性，不利于品系的建成。

（4）选种目标和管理方法要保持一致　每一世代的选种目标和选种方法要保持一致，保持连续性，只有这样，才能使鸭群的基因频率朝同一方向改变；同时，各世代的饲养管理条件要尽可能一致，保持稳定，使各世代的性状有可比性，从而使选种更准确。

4. 正反反复选择法

此法在品系培育的过程中结合了杂交、选择和纯繁 3 个繁育阶段。既有杂交组合试验，可避免近交育种时大量淘汰造成损失，又有方法简便，只要有两个亲本群（品种或品系）就可着手进行的优点。所以，此法一举数得，颇受欢迎。

具体做法：先从基础群中按性能特点或来源不同，选出较优秀的 A、B 两个群体（品系），第一年分成两组配种，第一组正交，即 A 系公鸭配 B 系母鸭；第二组反交，即 B 系公鸭配 A 系母鸭。正交和反交各组又分成若干个配种小群，每个配种小群只放 1 只公鸭和 10～25 只母鸭，将种蛋做好标记，在同样条件下孵化，留足后裔，在相同的饲养管理条件下进行生产性能测定。第二年，根据后裔测定的成绩，分别在第一组（正交组）和第二组（反交组）中各选出最高产的 1～2 个小组，再找出该高产的小组的亲本，将正交组中最高产的 A 系公鸭与反交组中最高产的 A 系母鸭组群纯繁，将正交组中最高产的 B 系母鸭与反交组中最高产的 B 系公鸭组群纯繁，次高产的亲本也按同样方法组群纯繁。第三年，用第二年纯繁所得的 A、B 两系的亲本，又按第一年的同样方法进行正反交，同样分成若干配种小群，然后进行后代生产性能测定，根据测定结果选出优秀的亲本。第四年，重复第二年的方法。

如此正反反复选择，经过一定时间就可以形成两个新的品系，而且彼此之间具有很好的杂交优势，因为，它是通过配合力测定结果而选留繁育的亲本。

必须注意，在选育过程中，不管哪一代的杂交鸭都不能留种，但可以直接用作商品生产。

5. 合成系的选育和运用

合成系是有两个或两个以上的系（或品种）杂交，选出具有某些特点并能遗传给后代的一个群体。

合成系选育的基本方法是杂交、选择和配合力测定。如以两系（或品种）杂交作为素材，杂交的亲本就是基础群，F_1（杂交第一代）就是零世代，F_2（杂交第二代）就是一世代。

选育合成系的重点是经济性状，不要求体形外貌和血统上的一致性。合成系育种的目的不是为了推广合成系本身，而是将它作为商品生产繁育体系中的一个亲本。这与一般杂交育种不同，它不需从 F_2 的分离中再经多代的选优汰劣，就能育成在体形外貌和生产性能上都相当稳定的"纯系"，然后再投入使用。

合成系选育的最大特点是时间短、见效快，一般经过一两个世代选育即可，比通常培育一个纯系要节省一半以上的时间。所以目前在国外的商品鸡生产中，多采用合成系选育技术，生产新的系或配套组合，为产品更新和商品竞争赢得时间。

合成系的利用可以两系配套，即：

纯系 A♂（公）×合成系 B♀（母）→商品代

也可以三系配套，即：

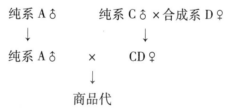

也可以四系配套，即：

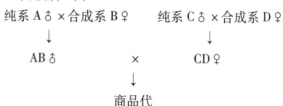

合成系选育取得成功的关键是选好亲本，应将特点突出、生产

性能优秀的系（或家系）作为基础群，使合成系的起点高，再与另一高产纯系配套时，就有可能结合不同亲本的优点，获得杂交优势。

合成系育成后，如再经几个世代的选育，即可成为一个纯系。当生产性能达到较高水平时，再进一步提高就比较困难，需要改变选种方法，或与其他纯系杂交，引入高产基因，又产生新的合成系。

（二）杂交优势的利用

采用不同的方法建立起来的品系，目的在于开展品系间的配套杂交，充分利用杂交优势，生产高产优质的商品代肉鸭。这种生产需按一定的程序或模式制种，先进行配合力测定，再配套杂交。

1. 配合力测定

配合力的概念可分为一般配合力和特殊配合力，一般配合力所反映的是杂交群体平均育种值的高低，即：$F_{1(A)}$ 为 A 品系的一般配合力，$F_{1(B)}$ 为 B 品系的一般配合力。一般配合力主要依靠亲本品系的纯繁选育来提高，它的基础是基因的加性效应，所以遗传力高的性状一般配合力提高比较容易。特殊配合力所反映的是杂交群体平均基因型值与亲本平均育种值之差，它的基础是基因的非加性效应，一般遗传力高的性状，各组合的特殊配合力不会有很大差异；反之，遗传力低的形状，特殊配合力会有很大差异。所以，要提高特殊配合力，主要依靠杂交组合的选择，从配合力测定中，选出杂交优势强大的配套组合投入生产使用。

2. 品系配套模式

从遗传学的角度看，参与配套的品系多，其遗传基础更广泛，能把多个亲本的优良性状综合起来，生产的商品代杂交优势更强大，但参与杂交的品系越多，品系繁育、保种制种的费用也越高，到达商品代的距离也越长，制种更繁琐、规模更庞大。从经济效益出发，近年来的配套模式主要有三系、四系和二系 3 种模式。

（1）三系配套　先用 A 品系的公鸭与 B 品系的母鸭杂交，再用杂交一代（AB）的母鸭与 C 品系的公鸭杂交，组成三系配套。

（2）四系配套　用 A、B、C、D 四个品系，分别进行两两杂交，然后两个杂种之间再进行杂交，这种配套模式通常称为双杂交。

（3）二系配套　这是用不同品种（品系）进行一次杂交所组成的配套系。

四、繁殖技术

（一）组群（选配）方法

优秀种鸭选出以后，通过公母的合理组群，使优良的性状遗传给后一代。所以，组群是选择的继续，有人将它合称为选种选配。组群通常有 3 种方法。

1. 相似交配，或称同质交配

将生产性能相似或特点相同的个体组成一个群，这种方法可以使后代同胞之间增加相似性，也使后代更相似于亲代。如根据系谱资料判断，使具有相同基因型的个体交配。

2. 不相似交配，或称异质选配

将生产性能不同或特点各异的个体组成一群。这种方法可增加后代的综合性，降低亲代和后代的相似性。与亲代相比，后代将出现介于双亲之间的性状，也可能获得具有双亲不同优点的后代。如不同品种或不同品系之间的杂交就属于这一类。

3. 随机交配

避免人为有意识的控制，随机组群，自由交配。选种方法是为了保持群体遗传结构不变，适于在保存品种资源方面应用。

（二）自然交配

1. 大群配种

这种配种方法使公母自由组合，配种的机会均等，受精率较高。缺点是公鸭血统不清楚，故只适用于繁殖场，不适用于育种场。但须注意，大群配种时，公鸭的年龄和体质要相似，体质较差和年龄较大的公鸭，没有竞配能力，不宜作大群配种用。

2. 小间配种

一个配种小间放入 1 只公鸭，再在室内放置产蛋箱，使所获得的种蛋双亲系谱清楚，可以建立系谱。此法工作繁琐，要求高，只适于育种场使用。但要注意，选育的公鸭要先进行生殖器官和精液品质检查，或先进行配种预测，检查种蛋的受精率，将生殖器官有器质性缺陷、受精率很低的公鸭淘汰。

3. 同雌异雄轮配

此法的目的是为了多得到几个配种组合，或使被测定的公鸭获得更准确的数据。其方法是：配种开始后，第一个配种期放第一只公鸭，留足种蛋的前两天，将第一只公鸭拿出，空出一周不放公鸭（此期间内的种蛋孵出的小鸭，仍是第一只公鸭的后代），于下一周放入第二只公鸭（最好在放公鸭前，将第二只公鸭的精液给所配母鸭全部输精一遍），前 5 天的种蛋不用（如进行人工授精，前 3 天的种蛋不用），此后所得的种蛋为第二只公鸭的后代。如需测定第三只公鸭，按上述方法轮配下去。

4. 种用年龄和性别配比

肉用型公鸭性成熟较晚，初配要在 6 月龄以上，用 1 周岁后淘汰；不用第二年的老公鸭配种。

大群自然交配时，各种鸭的公母配比见表 2 - 2。

表 2 - 2　各种鸭的公母配比

类　　型	早春和深秋	春末至初秋
蛋用型鸭	1：（20～25）	1：（25～30）
兼用型鸭	1：（15～20）	1：（20～25）
肉用型鸭	1：（5～8）	
瘤头鸭	1：（5～8）	

（三）人工授精技术

鸭的繁殖方法有自然交配和人工授精两种。一般情况下，蛋用鸭都是采用自然交配，肉用鸭也可以自然交配为主，但骡鸭的制种方法不同，由于两个亲本血缘较远，自然交配比较困难，且受精率低于40%，在生产上没有实际应用价值，必须采用人工授精方法才能提高受精率。在常规情况下，如果采用自然交配，瘤头鸭与家鸭的配种比例为1：5，而采用人工授精技术，公母配比可达1：20以上，公鸭的利用率提高了4倍。受精率可以达到75%以上，比自然交配高出1倍，减少了公鸭的饲养量，节约了制种成本，经济效益十分明显。

1. 人工授精器具

（1）围条　称栈条。每个输精小组2～3条，用于围挡输精的母鸭。

（2）公鸭笼　用竹篾或木材制作，高60～70厘米，宽度与深度各50～60厘米（应根据公鸭体形大小调整鸭笼的大小高低）。笼的中间装一扇门，用于抓鸭放鸭。门的两侧钉直向木条或竹条，两木条间的距离为5～8厘米，便于公鸭从笼内伸出头来采食或饮水。笼的另外三面用木条或竹篾封住。笼顶每隔10～15厘米钉一根木条或竹条，以防鸭子飞逃。笼底部每隔2～3厘米钉一根木条，便于鸭子站立和漏下粪便；如用竹篾制作的笼底，关鸭后要垫上干净的垫草。门两侧的下方，一边挂水槽，一边挂料槽，每个水槽或料槽都由临近的两只鸭子共用。

（3）集精杯　采集公鸭精液用。目前，由于我国鸭的人工授精技术尚未普及，人工授精的器具也没有定型，还没有规格化的批量生产，只能采用形似的器具作为集精杯使用。当前在生产上应用较多的有两种：一是250～500毫升的白色搪瓷杯，二是宽口、细底、有刻度的玻璃集精杯。

（4）输精器　常用的有两种：一是有刻度的玻璃滴管；二是1毫升的玻璃注射器，前端套无毒塑料管，可以随时更换，避免污染。

（5）普通显微镜　通常在肉眼观察精液时，无法确定精液质量的情况下，再用显微镜做进一步检验。

2. 采精技术

（1）采精前的准备　① 隔离公鸭，加强饲养。用做采集的种公鸭要提前两个月与母鸭分群，采取隔离饲养，并按照公鸭饲养标准配制饲料，加强营养。同时，每周增加 30 分钟的光照时间，直至达到每昼夜照 15～16 小时（此后光照时间保持稳定不变），采精前两周，将公鸭关入笼内，使之适应笼内的生活环境。② 环境进行清洗消毒，垫上干净的垫草。③ 消毒采精和输精用的所有器具。④ 准备好记录用的表格。

（2）采精方法　目前常用的有按摩采精和母鸭诱情采精法两种。

① 按摩采精法。此法需对采精公鸭先进行调教训练，直到形成条件反射，能顺利采到精液。在调教阶段需要两人合作。方法是：助手坐在采集人员的前方，将调教的公鸭放在双膝上，用手握住公鸭的双脚，尾部朝外，鸭头夹于左胳膊下。采精员左手掌心向下，紧贴在公鸭的背部，然后从背部的上端向尾部方向不断按摩，5～10分钟后，再在髂骨部按摩 4～5 次，接着揉捏公鸭的尾部，同时，右手大拇指和其他四指在泄殖腔环的周围揉捏，直到泄殖腔周围肌肉充血膨胀，再改变按摩手法，用左手大拇指和食指紧贴在泄殖腔上部轻轻挤压，待明显感觉到阴茎勃起并将外突时，把集精杯接住阴茎射出的精液，采精工作结束。经过调教的公鸭，熟练的采精人员可单人操作。

② 母鸭诱情采精法。准备好健康的母瘤头鸭作诱情台鸭，并用长绳系在鸭脚上，以防逃跑。采精人员将采精公鸭从鸭笼中放出，当经过隔离的公鸭见到旁边的母鸭时，异常兴奋，会迅即靠近母鸭，啄住母鸭的头颈部，爬跨在母鸭的背上，采精员蹲候在公鸭的右侧，右手持集精杯注视公鸭的尾部，见到公鸭频频摇尾，泄殖腔充血膨大，当泄殖腔努张、尾巴停止摆动欲向下压时，采精员左手伸向公鸭尾部，轻轻压住泄殖腔两侧，右手将集精杯迅速移向母鸭尾部，接住公鸭阴茎射出的精液，采精工作即告完成。将公鸭关回笼中。

（3）采精注意事项　采精前公鸭必须隔离，单独关在笼中，不能放入母鸭群或放到水中活动；采精时要避免粪便污染精液，如被粪便等物污染，要弃而不用，千万不可与清洁的精液混合；采得的精液不能暴露于强光下，集精瓶要加盖，如遇气温较低的季节，应将集精瓶放置在40℃的环境中保存；采得的精液最好在15分钟内用完，新鲜精液的输精效果最佳。

3. 精液质量检查与稀释

（1）精液质量检查

① 肉眼观察。主要观察精液的颜色、数量和动态。正常无污染的精液呈乳白色，为不透明的液体（似豆浆状），闻之有特殊的腥味，为优质精液；如精液呈透明的清水样，则精子的密度低；如精液混入血液，则呈粉红色；如精液被粪便污染，则呈黄褐色，有臭味；如精液有尿酸混入，则成粉白色，棉絮状。总之，凡被污染的精液，会发生凝集或精子变形，不能用于输精。活力高、密度大的精液，呈漩涡状翻滚状态。

② 显微镜检查。主要检查精子的活力和密度。精子的活力是以测定直线前进运动的精子数为依据。如全部精子都是直线前进运动的，则评为10分；如直线前进运动的精子只有七成，则评为7分。分值越高，说明精子活力越高、品质越好。检查的具体操作方法是：采精后20分钟内，取精液和生理盐水各一滴，置于载玻片上，混匀后盖上盖玻片，在37℃温度条件下，用200~400倍的显微镜，观察、计算各种运动状态的精子数。呈直线前进运动的精子，有受精能力；进行圆周运动或摆动的精子，均无受精能力。

精子密度检查有两种方法：一是用血球计数法，二是精子密度估测法。下面介绍第二种估测方法。

精子的密度分为密、中等、稀3种级别。密，是指在整个镜检视野内布满精子，中间几乎没有空隙，每毫升精液有7亿~10亿个精子；中等，是指在整个镜检视野内精子间距离明显，每毫升精液有4亿~6亿个精子；稀，是指在整个镜检视野内精子间有很大的空隙，每毫升精液有精子3亿个以下。

（2）精液稀释　精液最好稀释后使用，因为稀释液的主要作用是为精子提供能源，保障精细胞的正常渗透压平衡和离子平衡，稀释液中的缓冲剂可以防止乳酸形成时的有害作用，给体外的精液创造适宜的环境，从而增强其生命力和存活时间。精液经过稀释后，扩大了精液量，可减少精液输量的误差。鸭精液通常的稀释比例是1:1或1:2。

实践证明，效果较好的鸭用精液稀释液为 pH 值 7.1 的 Lake 液和 BPSE 液。现将 5 种较好稀释液的配方成分列于表 2-3。

表 2-3　家禽精液常用稀释液成分配方

成分	英国 Lake 液	pH 值 7.1 的 Lake 液	pH 值 6.8 的 Lake 液	美国 BPSE 液	中国 BJJX 液
葡萄糖	1.000	0.600	0.600	0.500	1.400
谷氨酸钠	1.920	1.520	1.320	0.867	
氯化镁	0.068			0.034	
醋酸镁		0.080	0.080		
醋酸钠	0.570			0.430	
柠檬酸钾	0.128	0.128	0.128	0.064	
柠檬酸钠					1.400
柠檬酸					
氯化钙					
磷酸二氢钾			0.065	0.065	0.360
磷酸氢二钾			1.270	1.270	
1N NaOH		9.0 毫升			
BES					
MES		2.440			
TES			0.195	0.195	
蒸馏水/毫升	100	100	100	100	100

注：1. 表中所列成分的单位除表明为毫升外，其余都为克，其数值均为加蒸馏水配制成 100 毫升稀释液之用量。

2. BES，即 N，N-二（2-羟乙基）-2-二氨基乙烷磺酸；MES，即 2-（N-吗啉）乙烷磺酸；TES，即 N-三（羟甲基）-甲基-2-氨基乙烷磺酸。

3. 每毫升稀释液加青霉素 1 000 单位，链霉素 1 000 微克。

目前，生产骡鸭的人工授精，在实际操作中都是现采现输，精液不做长时间保存，所以都采用生理盐水稀释，稀释比例为1：1。稀释时将生理盐水沿集精瓶壁缓慢注入，并轻轻摇动，使其混合均匀。

4. 输精

输精由一人操作。方法有翻阴道口输精法和不翻肛输精法2种。现将翻阴道口输精的具体操作方法介绍如下。

（1）输精方法　输精员用左脚轻轻踩住母鸭的颈部交界处，使受精鸭背部在上，尾部朝右且略向前固定。授精员用左手拇指贴于鸭腹部泄殖腔的下缘，轻轻向内挤压，其余四指按在泄殖腔的上方，趁母鸭呼吸时借势挤压，迫使泄殖腔向外翻出，暴露出阴道口。右手将吸有精液的输精器从阴道口插进，插深3～4厘米，输精器稍作回缩后，将精液缓慢输入阴道内，同时松开左手，输精结束。采用此法输精部位准确、受精率高，但输精员必须技术熟练。

（2）输精量　采用混合精液输精，即每次采4～6只公鸭的精液，将其混合稀释后再输精。

第一次输精量0.15～0.20毫升（1：1稀释），须含有1.0亿～1.5亿个活精子。此后由于累加作用，每次输精量可减至0.08～0.12毫升（含有7 000万个精子以上）。

（3）输精时间　以母鸭产蛋结束后的上午8～11时为宜。输精时间固定后，不要任意改变，以免引起应激。

（4）输精次数　每3天输1次，即4天中的首、尾2天输精。

（5）注意事项　① 每次输精后，用脱脂消毒棉擦拭输精器针头，减少疾病横向传播。② 输精时如遇到阴道口冒泡或精液溢出，应重输。③ 授精人员要保持相对固定。因为每人操作时的手势和力度不同，频繁换人，会引起应激反应，影响受精率和产蛋率。④ 腹部绷紧、泄殖腔干燥收缩的休产鸭，应停止输精。

5. 影响受精率的因素

采用人工授精技术可取得较高的受精率，而且比较稳定。但有时会产生不太理想的结果，分析其原因，大致有以下几个方面。

（1）精液品质不好　如精液浓度太低，输入的有效活精子数不够；或精子的活力低，死精或畸形精子多；精液被污染后精子死亡。所以，采精和输精的器具必须洁净，并经过消毒，每次采得的精液，都要仔细观察（色泽、浓度、精液量），定期用显微镜进行检查，以保证精液质量可靠。

（2）母鸭的生殖器官有疾病　如输卵管发炎或生理上有缺陷，在这种情况下往往受精率极低。

（3）输精的技术问题　如输精器没有准确插入阴道内，或输精间隔时间过长，没有在最佳的时间内输精，或精液存放时间过久，或输精量不足等。

（4）恶劣气候的影响　过冷过热的天气，既影响公鸭的精液质量，又影响母鸭的产蛋率和受精率，在这种时候输精，受精率一般较低。

（5）种鸭年龄大、体质衰老　无论种公鸭或种母鸭，第一年身体健壮，性功能健全，精子活力好，母鸭产蛋率高，此阶段内受精率最高，随着年龄的增大，公鸭的射精量减少，精子活力下降，母鸭的产蛋量也下降，受精量也随着降低。

第三章 养殖设施化建设与设备管理

第一节 鸭场场址的选择

正确选择鸭场场址，不但能保证养殖场区具有好的小气候环境和良好的生产环境，减少鸭病的发生和流行，而且还能为生产提供方便。在选择养鸭场场址时，既要避免周围环境不利因素对场区的危害，还要防止养鸭生产给周围居民带来的不便。因此，必须对地势地形、水源水质等自然环境条件和隔离、交通、电力等社会环境条件进行全面考虑。

一、自然环境条件

（一）地势地形

鸭场地势要高燥，排水良好。鸭场的地形要稍高一些，最好选在向阳缓坡地区，地势要略向水面倾斜，最好有5°~10°的坡度，以利排水（如图3-1）；土质以沙质壤土最适合，雨后易干燥，不宜选在黏性太大的重黏土上建造鸭场，否则容易造成雨后泥泞积水。尤其不能在排水不良的低洼地建场，否则每年雨季到来时，鸭舍被水淹没，造成不可估量的损失。

地形应开阔整齐（如图3-2），面积宽敞够用。如在河流、水库、湖泊旁边建场，地基要高出历史洪水水位线1~2米，以免雨季舍内进水、潮湿，甚至淹没、冲垮鸭场鸭舍。如在山区建场，不宜选在山丘顶，防止因昼夜温差大不利保温；也不宜把鸭场建在山坳里，以免因空气流通差、湿度大、闷热和阴冷等气候环境，影响肉鸭正常生长。平原地区建场，场址地下水位应低于建筑物地基1米以下，鸭舍地面要高出舍外地面30厘米以上。如在浅山区或丘陵地区建场，最好选在半山腰建场，山腰坡度不宜过陡，场地内的坡度不宜超过30°，坡面向阳，整齐开阔。

鸭舍的朝向能影响肉鸭的饲料消耗和死淘率。一般地，坐北朝南最为理想，朝向东南也可以，尽量避免朝东西方向建场。朝南方向能经常受阳光照射，舍内容易保持干燥的环境，有利于抗御冬季北风的袭击。朝西建造的鸭舍，夏季迎西晒太阳，舍内气温高，不利于防暑。

图3-1 鸭舍要地势高燥，缓坡向阳

图3-2 鸭舍地形开阔整齐

（二）水源条件

总的要求是水源充足，水质良好，取用方便又便于卫生防护。

肉鸭虽是水禽，但因养殖肉鸭时间短，一般不用给肉鸭准备洗浴用水，只考虑饮用水和洗涤、消毒、生活用水即可。要求鸭场地下水资源丰富、水质良好，无污染、无异味，最好能进一步了解水质的酸碱度、硬度、透明度、有害化学物质含量等指标。鸭场周围500米范围内，水源上游没有对产地环境构成威胁的污染源，包括工业"三废"、农业废弃物、医院污水及废弃物、城市垃圾以及生活污水等污物。

条件具备的养鸭场，最好场内另建深井，以保证水源和水质。

二、社会环境条件

（一）隔离饲养

为了减少外来污染源对鸭场周围的污染，防止鸭场生产过程中产生的粪便、污水污物对周围环境带来的污染，减少车辆和人员对肉鸭生产的干扰，必须实行隔离饲养。

在选择场址时，首先要考虑远离其他畜禽饲养场，相互间的距离要保持在500米以上。与居民区、医院、集市、学校等人员密集的地方保持700米以上的距离（如图3-3）。与其他污染源，如畜禽屠宰场、制革厂、化工厂等污染企业保持500米以上的距离。鸭场周围尽量避开交通要道，起码不应选在交通主干道旁建场，以免骚扰过多，引起鸭群应激。

（二）交通便利

大棚肉鸭养殖场有很多的运输任务，相对便利的交通条件有利于降低运输费用和肉鸭运输途中的损失。因此，肉鸭养殖场的交通条件要相对便利，从场区到公路要修建专用、坚实、平坦的道路。

图3-3 选址要远离居民区和其他饲养场区

（三）电力稳定

养鸭场生产过程中对电的依赖性较大，照明、通风、加温、孵化、饲料加工、供水、饲养管理人员生活都离不开用电。因此，养鸭场必须有可靠、稳定的电力供应，必要时鸭场还要自备发电机组作为应急电源。

第二节 鸭场场区的规划

一、建筑物的种类

按建筑设施的用途，肉鸭场建筑物主要有办公用房（办公室、会议室、资料与档案室、会客室等）、生活用房（宿舍、食堂、洗浴间、厕所等）、生产用房（各种鸭舍、物料库、种蛋库、孵化室、配电室、杂物仓库、兽医室、消毒更衣室等）和污物处理设施（粪便处理发酵场或干燥处理厂）、污水处理设施（沼气池）、病死鸭焚烧处理设施等。

不同规模和性质的肉鸭场内建筑物的种类有差异。大型肉种鸭场和综合性肉鸭场内的建筑物基本上包含了上述各类；专业性商品肉鸭场主要有消毒室、宿舍、食堂、饲料库、配电室、鸭舍和粪便处理设施；小型肉鸭场主要是鸭舍、消毒室和食堂。

二、场区规划

（一）规划原则

1. 因场制宜

肉鸭场的场区规划应根据肉鸭场的生产性质（种鸭场、商品场和综合性肉鸭场）、生产任务以及生产规模等不同情况，合理进行规划布局。对于商品场或小规模饲养场，生产任务单一，只要做到隔离饲养即可。而规模化的种鸭场、肉鸭场，因场地较大，需要合理规划布局，才能稳定生产和可持续发展。生产区内各类鸭舍之间的规模比例也要配套协调，与生产需要相适应。

2. 鸭场隔离

规划时应考虑尽可能避免外来人员和车辆接近或进入生产区，与外界能较好的隔离，减少病原体的侵入。生产区应设置围墙，形成独立的体系，场区大门口和生产区入口处均应设置消毒设施（如图3-4），如车辆消毒池、洗澡更衣间、人员消毒池等。对于生产项目比较复杂的种鸭场，生产区内的布局要考虑各阶段鸭群的抗病能力、粪便排泄量、病原体排出量，一般要求按照地势高低、风向从上到下依次为雏鸭区、青年鸭区、成年种鸭区。尸体、污物处理区要设在场区围墙外，与场内隔离。生产区中要有净道和污道的划分。此外，各区之间最好有围墙隔开，并设置绿化带，尤其是生产区，一定要有围墙，以利于卫生防疫工作。

3. 便于生产管理

对于种鸭场，成年鸭群的房舍应靠近生产区大门，因为其饲料消耗量比其他鸭群大，种蛋便于运出。饲料仓库和调制室应靠近鸭舍，方便饲喂。如果是专业化商品肉鸭场则要求各鸭舍布局要整齐。粪污处理场要有专门的道路向外运输粪便，运输粪便的车辆和人员不能进入生产区。

图3-4 场区大门要设置消毒池，并注满消毒液

4. 便于生产环境条件控制

环境条件是影响鸭群健康、生产水平发挥和产品质量的重要因素，夏季高温、冬季严寒、舍内潮湿、通风不良等对鸭群生产极为不利。养鸭场的位置应该避开当地的风口地带，在气温较低的季节可以防止房舍内外温度过低。鸭场应该建立在高燥的地方以保持鸭舍内的相对干燥；鸭场周围应是比较空旷的地带，生产中产生的粉尘、污浊气体能够很快被风吹走；鸭场附近有较多的林木，夏季能够为鸭群提供阴凉。

5. 减少对人员生活环境的不良影响

规模化肉鸭场要有独立的生活区，生活区内有宿舍、食堂、生活服务设施等，建筑规模要和人员编制及生产区的规模相匹配。一般生活区靠近生产区，但应保持一定距离，方便管理与生产。为了减少生活区空气污染，提高生活质量，生活区要设在生产区的上风向，留有绿地面积，搞好绿化，美化环境。

（二）场区规划要求

1. 鸭舍各种房舍和设施的分区规划

首先考虑办公和生活场所尽量不受饲料粉尘、粪便气味和其他废弃物的污染；其次考虑生产鸭群的防疫卫生，为杜绝各类传染源对鸭群的危害，依地势、风向排列各类鸭舍顺序，若地势与风向在方向上不一致时，则以风向为主。因地势使水的地面径流造成污染时，可用地下沟改变水流方向，避免污染重点鸭舍；或者利用侧风避开主风向，将要重点保护的鸭舍建在安全位置，免受上风向空气污染。根据拟建场地条件，也可用林带相隔，拉开距离使空气自然净化。对人员流动方向的改变，可建筑隔墙阻止。鸭场分区规划的总体原则是人、禽、污三者以人为先、以污为后的顺序排列。

专业化肉鸭场的分区主要有 3 部分：管理与生活区、生产区和污物处理区。

肉种鸭场的分区包括 4 个部分：管理与生活区、辅助生产区、生产区和污物处理区。生产区内又分雏鸭培育区、青年种鸭培育区和成年种鸭养殖区，有的种鸭场把雏鸭培育区和青年种鸭培育区合并为后备种鸭培育区。各个小区之间必须保持不少于 30 米的隔离距离，有条件的可将各个小区用围墙隔开，使用灌木和乔木结合式绿化隔离也是可取的。

2. 鸭场道路

鸭场内道路布局应分净道与污道，净道和污道不能相互交叉。污道主要用于运输鸭粪、死鸭及鸭舍内需要外出清洗的脏污设备；净道主要分为工作人员行走、饲料的运送通道。净道一般设在鸭舍的前端，污道设在鸭舍的末端。

场内道路的宽度应能够满足卡车的通行，因为出栏肉鸭通常都是卡车运输。净道的宽度约 4 米，污道约 3 米。净道和污道与鸭舍间有 2 米左右的距离，并设置专用道路连接。道路的一侧或两侧应设置排水沟。

3. 鸭场的绿化

绿化是衡量环境质量的一项重要指标。各种绿化布置能改善场区的小气候和舍内环境，有利于提高生产率。绿化设计必须注意不影响场区通风和鸭舍的自然通风效果。肉鸭场的绿化包括场周围的绿化、鸭舍前后与运动场的绿化、各小区之间的隔离绿化、道路两侧的绿化等。

鸭舍前后和运动场的遮荫绿化以高大乔木为主（图 3 - 5），道路两侧的绿化以景观树木或果树为主，小区之间的隔离绿化以常绿的灌木、乔木结合为主（图 3 - 6）。

图 3 - 5 鸭舍前后和运动场的遮荫绿化

图 3 - 6 棚舍之间用桑树隔离

第三节　不同养殖模式
下的鸭舍建造

一、肉鸭舍的建设标准

肉鸭舍的走向以坐北朝南为宜，具体朝向以利通风又能避暑为主。

1. 肉鸭舍长度、高度和跨度

肉鸭舍长度根据地势确定，双坡式肉鸭舍屋顶高4.2米，屋檐高3.0米；肉鸭舍两面屋檐滴水之边墙内宽8米；两边为网床，网床宽6.8米；中间设走道，走道宽1.2米。鸭舍栋与栋之间距离为8~10米。

2. 墙体的处理

内外墙用水泥砂浆抹平，墙高3米，在两侧墙体（离地1.2米）上各安装四面窗户，便于采光，窗户规格为1.5米×1.5米。

3. 肉鸭舍地面的处理

肉鸭舍地面高出舍外15厘米以上，先铺一层地膜，再用水泥砂浆抹面，高出地面0.6~0.8米铺一层架空的金属网作为鸭床，网眼的宽度为13毫米左右，建筑层数为一层，地面沿蓄粪池方向成1°的坡度，便于清洗。

4. 屋顶的处理

肉鸭舍屋顶采用人字形钢架结构作为屋梁。

肉鸭舍屋顶铺盖蓝色夹心彩钢，泡沫厚度为3厘米以上。一是有利于炎热夏季防暑降温；二是有利于冬季保暖。

5. 门、窗的处理

肉鸭舍门可分为双扇门和简易木门，双扇门高2.1米，宽1.6米，简易木门高2.1米，宽0.9米；肉鸭舍窗户采用钢窗，窗户高为1.5米，宽为1.5米。

6. 排水沟及污水沟处理

肉鸭舍左右屋檐滴水处建排水沟，最浅沟深 20 厘米，沟宽 30 厘米，坡度 0.5°，用水泥砂浆抹面；肉鸭舍左右墙角建排污沟，最浅沟深 15 厘米，沟宽 50 厘米，坡度 1°，用水泥砂浆抹面，构面用水泥板盖沟。

7. 肉鸭舍附属设施——硬件标准

① 配套建立蓄水池、沼气池等附属设施，并做好沼气和沼液的综合利用。

② 配置照明灯、电风扇、自动饮水装置等设施。

③ 肉鸭舍门口，亦按规定设有消毒踏池，旁边备有更换鞋。

④ 选择合理的鸭粪堆放点。

⑤ 保温设施、农膜、彩条布齐备。

⑥ 水井的位置应选在肉鸭舍的上方，或地势较高处，用水泥铺好，并挖好周围的排水沟（用水泥砂浆抹面），使井水不易受到污染。

标准化肉鸭舍建设可参考图 3 - 7 和图 3 - 8。

二、规模养殖肉鸭鸭舍与内部设施的建造

（一）环境特点

普通鸭舍冬季养鸭，其舍温的主要来源是鸭体散发的生物热。外界温度低，鸭舍保温性能差，鸭体散发热较多，这样不仅会使鸭的采食量增加，严重时会造成鸭的死亡。加上普通鸭舍投资较大，增大了饲养成本，风险也较大。规模养鸭所使用的鸭舍，必须对普通鸭舍进行改进，建设标准化鸭舍。标准化鸭舍类型很多，以普通的塑料大棚鸭舍为例，能很好地保留鸭体散发的生物热，又可利用太阳辐射热来升高棚舍温度，在冬季使用有一定优势；同时其投资小，又可利用射入的太阳光中的紫外线杀菌，能增强鸭的免疫力和抗病力，促进鸭的骨骼发育，刺激食欲，促进消化，也可促进雏鸭的体温调节机能的发育，其养殖优越性不言而喻。但由于大棚鸭舍

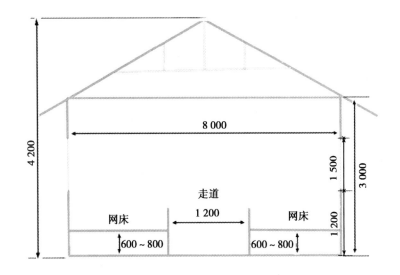

图 3 - 7　商品肉鸭舍剖面（单位：毫米）

透气性较差，饲养中常会造成舍内温度及有害气体含量过高。因而采用大棚鸭舍时，必须合理设计，考虑必要的通风换气和辅助调节设施，以保持棚内环境处在肉鸭生长的最佳小气候状态。

（二）鸭舍的设计与建造

1. 鸭舍设计的原则

（1）有利于卫生防疫原则　鸭舍设计要求考虑卫生防疫，能有效地与外界隔离，减少外来动物和微生物的进入，同时便于舍内的清洗消毒和卫生防疫措施的设施。

（2）有助于环境调节原则　鸭舍应该能挡风遮雨、遮阳防晒、有效缓解外界不良气候对鸭群的影响。南北方气候差异明显，北方要求尽量做到防寒保暖，窗户和地面比例较小，一般为1：（10～12）。南方则要求通风良好，能有效降低舍内湿度，窗户与地面比例为1：（6～8）。育雏舍保温性能要求高于成年鸭舍。

（3）耐用原则　鸭舍的建造相对简单，但必须充分考虑其耐用

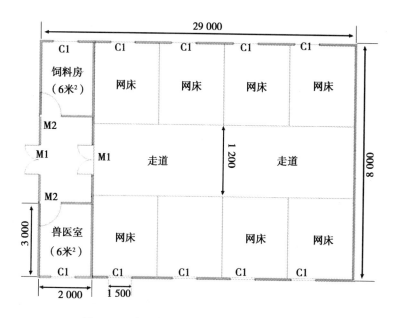

图 3 - 8　商品肉鸭舍平面布局（单位：毫米）

性，一方面能够保证正常生产过程中鸭群的安全，另一方面通过延长使用年限降低房舍折旧费用。

（4）节约投资原则　规模较小的鸭场或养殖户可建造简易棚舍，充分利用树枝、草秸等当地资源，舍内可以用砖柱或木柱支撑屋顶，减少大梁及檩的使用。

（5）方便管理原则　鸭舍的设计应充分考虑人员在舍内的操作，便于供水供料、垫料的铺设和清理、种蛋的收集等。

2. 各类鸭舍的设计

（1）棚式肥育鸭舍　类型有塑料封闭式大棚鸭舍和敞篷式鸭舍两种形式。

封闭式大棚鸭舍常见为拱形（图 3 - 9），就地取材，前后设置 1 米高的墙壁并开设窗户，棚架用竹木搭建成拱形，棚的高度为 2 ~ 2.5 米，宽度 4 ~ 6 米，长度可根据地形和饲养数量而定，一般 30 ~

50米，但中间要用栅栏或低墙隔开，分栏饲养。棚顶用芦苇席覆盖，上面再盖上油毛毡或塑料布，防止雨水渗漏。为了防止舍内潮湿，在棚舍的两侧设排水沟，水槽或饮水器放置在排水沟上的网面上。

敞篷式鸭舍（图3-10）两端为山墙，前后墙下部1米左右为砖混结构，上部1~1.5米用立柱制成屋架。屋顶材料有石棉瓦或彩钢瓦、稻草等，并注意加固防风（图3-11）。前后墙外罩金属网以防鸟、鼠进入，温度较低时用编织布将前后墙开放处遮挡起来以挡风保暖。

图3-9　封闭式大棚鸭舍

图3-10　敞篷式鸭舍（内观）

（2）有窗式鸭舍　鸭舍的前后墙高度为2.3米左右，每间房前、

图 3 - 11 棚顶用砖块加固防风

图 3 - 12 有窗式鸭舍

后墙各设置 1 个窗户（宽度约 1 米、高度 0.8 米），窗台距地面高度约 1 米。屋顶材料有石棉瓦或彩钢瓦等。窗户的作用为通风和采光（图 3 - 12）。

（3）肉种鸭舍 房舍为砖木结构，要求防寒保暖，舍内地面要高出运动场 30 厘米，舍内为水泥地面、砖地或三合土地面。

房舍高度 2.0 ~ 2.5 米，跨度 5 ~ 7 米，单列式饲养，靠鸭舍南侧有运动场，运动场的南边为水池。运动场为三合土夯实压面，面积为舍内面积的 2 ~ 3 倍。连接运动场或水面的鸭坡，坡度 30°左右，为了防止倒滑，可以铺设草垫，或设置横向波纹。

（三）不同饲养方式与鸭舍内部设施的建造

肉鸭主要采用地面平养、发酵床养殖、网上饲养以及平养和网养相结合等几种方式。

1. 地面平养

水泥或砖铺地面撒上垫料即可（图3-13）。若垫料出现潮湿、板结，则可以进行局部更换。一般随鸭群的进出全部更换垫料，可节省清圈的劳动量。这种方式因鸭粪发酵，寒冷季节有利于舍内增温。采用这种方式舍内必须通风良好，否则垫料容易潮湿、空气污浊、氨浓度上升，易诱发多种疾病。这种管理方式的缺点是需要大量垫料，舍内尘埃多，细菌也多。各种肉鸭均可用这种饲养管理方式。

图3-13 地面平养

2. 发酵床养殖

现在该模式已经成熟，相关配套技术也正在逐步完善，可操作性强。有的厂家提供垫料和菌种，回收淘汰的垫料，每立方米淘汰垫料和购进的新垫料价格相同。一般购进10米³底料，待垫料淘汰时能有7~8米³。在果树、蔬菜、花卉种植量大的地方，可就近卖掉淘汰的垫料，既方便又经济。这为解决垫料来源和废弃垫料处理提供了方便，促进了该模式的推广。

图 3-14　网上饲养

目前，发酵床养殖肉鸭模式在山东推广已取得较大进展。但由于受当前垫料成本趋高，土地利用形式趋紧的双重压力，该模式进一步推广恐怕仍有一定难度。

发酵床养殖肉鸭模式的优点：一是可大幅度提高劳动生产效率，利用该技术养鸭省工节本、提高养殖效益；二是显著提高肉鸭的增长速度，克服了冬季寒冷对肉鸭生长的不利影响，提高了冬季饲养生长育成速度，节约了能源，提高了效率；三是养殖肉鸭的效益大幅度提高。即使不考虑人力的节约和优质优价的因素，仅节约的饲料、兽药、水电等费用，每只肉鸭可节约饲料、兽药等投入品成本0.5 元。四是疾病减少，提高鸭肉品质。发酵床结合特殊鸭舍，使鸭舍通风透气、温湿度均适合肉鸭的生长，符合动物福利要求，肉鸭能够健康的生长发育，发病率减少，减少使用抗生素、抗菌药物，提高了鸭肉品质。解决了粪便处理难题，改善了农村生态环境。

该饲养模式的缺点：一是废弃垫料尚不能达到优质优价，生产高档有机肥尚需探索；二是垫料投入成本越来越高，养殖场户承担了粪污零排放的社会成本；三是夏季鸭舍内降温压力加大，冬季鸭舍水气大，协调通风和保温的矛盾更加突出；四是养殖密度减小，不宜在土地利用紧张的地方推广。

3. 网上平养

在地面以上60 厘米左右铺设金属网、塑料网，也可铺设竹条、木栅条。这种饲养方式粪便可由空隙中漏下去，省去日常清圈的工序，防止或减少由粪便传播疾病的机会，而且饲养密度比较大（图3－14）。

网材采用铁丝编织网或塑料网时，网眼孔径：0～3周龄为10毫米×10毫米，4周龄以上为15毫米×15毫米。网下每隔30厘米设一条较粗的金属架（图3－15），以防网凹陷，网状结构最好是组装式的，以便装卸时易于起落。网面下可采用机械清粪设备，也可用人工清理。采用竹条或栅条时，竹条或栅条宽2.5厘米，间距1.5厘米。这种方式要保证地面平整，网眼整齐，无刺及锐边。实际应用时，可根据鸭舍宽度和长度分成小栏。

饲养雏鸭时，网壁高30厘米，每栏容150～200只雏鸭。食槽和水槽设在网内两侧或网外走道上。水槽口不要大于15厘米，使鸭能够喝水为宜，也可使用自动供水设备。水槽的四周用水泥硬化，同时建有漏水盖板的排水沟，以便冲洗消毒。饲养仔鸭时每个小栏壁高45～50厘米，其他与饲养雏鸭相同。应用这种结构必须注意饮水结构不能漏水，以免鸭粪发酵。这种饲养方式可饲养大型肉鸭，0～3周龄的其他肉鸭也可采用。

图3－15　铺网前先设置金属网架

4. 地面平养和网上饲养相结合

把鸭舍地面宽分三等份，两侧开挖40～60厘米深的弧形地槽，然后用水泥抹面，以方便粪便清除。等水泥凝固好以后，在地槽上架设金属支架，上边铺设塑料网床。这样就形成了鸭舍地面中间是地面平养、两侧网上饲养的结合模式。水槽放在两侧网床上，滴漏的水直接漏到网下地槽里，避免舍内潮湿（图3-16、图3-17）。

这种饲养模式的好处是，当肉鸭感到舍内温度高时，可以到两侧网上活动；如果感到温度较低，就到中间铺设垫料的区域趴卧，更好地适应环境。

图3-16　地面平养+地面网上饲养相结合

图3-17　地面平养+网上饲养相结合

5. 笼养

目前，在我国笼养方式多用于养鸭的育雏阶段。改平养育雏为

图3-18　笼养

笼养，在保证通风的情况下，可提高饲养密度，一般每平方米可饲养60~65只。若分两层，则每平方米可养120~130只。笼养可减少鸭舍和设备的投资，减轻清理工作，还可采用半机械化设备，减轻劳动强度。笼养鸭不用垫料，既免去垫草开支，又使舍内灰尘少，粪便纯。同时笼养雏鸭完全处于人工控制下，受外界应激小，可有效防止一些传染病与寄生虫病。加之又是小群饲养，环境特殊，通风充分，饲粮营养完善，采食均匀。因此，笼养鸭生长发育迅速、整齐，比一般平养生长快，成活率高。比如，北京鸭2周龄可达250克，比平养体重高35.4%，成活率高达96%以上。笼养育雏一般采用人工加温，因此，舍上部空间温度高，较平养节省燃料；且育雏密度加大，雏鸭散发的体温蓄积也多，一般可节省燃料80%。

目前，不少养殖场多采用单层笼养，但也有采用两层重叠式或半阶梯式笼养。选用哪一种类型，应该配合建筑方式，并考虑饲养密度、除粪和通风换气设备三者的关系而定。

我国笼养育雏的布局采用中间两排或南北各一排，两边或当中留通道。笼子可用金属或竹木制成，长2米，宽0.8~1米，高20~25厘米（图3-18）。底板采用竹条或铁丝网，网眼1.5厘米^2。两层叠层式，上层底板离地面120厘米，下层底板离地面60厘米，上下两层间设一层粪板。单层式的底板离地面1米，粪便直接落到地面。食槽置于笼外，另一边可设长流水。

6. 笼平结合

即在 15 日龄以前把肉鸭饲养在育雏笼内，15 日龄之后采取地面饲养或网上平养。这种方式应用较少，主要问题是 15 日龄前后需要转群，而对于肉鸭来说，转群是一种较大的应激，会使鸭群在 2~4 天内生长停滞。

三、标准化立体养殖模式与设施建造

该模式每栋养殖车间高 3 层，每层按 3 个养殖层面设计，全封闭，养殖过程的供料、供水、供暖、通风、消毒等将全部实现自动化管理。与常规模式相比，该模式下同样的占地，一栋可养 9 层，最大限度地提高现有土地利用率，在当前土地利用日益紧张的形势下推广优势明显。便于采用先进的饲养设备，实现自动化，提高养殖效率，同时减少疾病的发生，减少用药量，确保质量安全。

该模式适宜在土地利用紧张且规模化程度高的养殖场推广。按目前市场行情来看，一只肉鸭出栏收入在 2.5 元左右，单栋投资在 1 000 万元左右，由于是套养，每年出栏量最少 8 批，每栋存栏量 18 万只，每年出栏总量可达 144 万只，每年的收入可达 360 万元左右，2.7 年后收回成本。

这种模式由于工艺水平要求高，目前主要在规模化程度较高、技术水平先进的养殖场中推广。

这种模式的优点是：一是节约土地，提高现有土地的利用率；二是节省人工，肉鸭养殖新模式创造了我国 1 个人养殖 18 万只肉鸭的最高纪录；三是养殖效率高，不仅养殖数量呈数倍增加，而且出栏周期每批比常规养殖缩短 5 天左右；四是疾病减少，节省用药，产品质量安全。

但这种饲养模式也有一定的缺点。立体养殖模式由于设计时没有考虑粪便处理问题，导致现在的清粪方式为人工托盘方式进行清理，虽然清粪周期长，但是在人工费用方面存在着不足。

四、消毒房舍的设计

规模化肉鸭场的消毒房舍分两部分，处于生活、办公区与生产区相连的位置，一部分是车辆消毒室、另一部分是人员更衣消毒室。

（一）车辆消毒室的设计

车辆进入生产区主要是为了运送饲料、垫料、雏鸭、出栏的肉鸭等。外来车辆一般不允许进入生产区，只有专用车辆经过消毒后才能进入。

车辆消毒室的设计包括两部分：一是地面消毒池，要求消毒池深13厘米、长3～4米、宽4米。消毒池的两端为斜坡以便于车辆行走。二是喷雾消毒系统，车辆经过的大门为一个门廊，在门廊的顶部和两侧分别安装多个雾化喷头。在门廊的前边安装光电控制系统，车辆进入时即可感应，启动高压泵将贮药桶内的消毒药水通过高压水管从喷头中喷出。这种消毒设施能将车辆的大部分外表消毒。

（二）人员更衣消毒室的设计

有关生产人员进出生产区需要经过消毒室，尤其是在进入生产区的时候消毒要求更严格，以防把外面的病原体带进生产区，危及鸭群的健康。

按照人员进入生产区的步骤，人员消毒流程可设计为：更衣与紫外线消毒室——淋浴消毒室——更衣与紫外线消毒室——脚踏与喷雾消毒室。

五、污物处理设施的设计

（一）粪便处理设施的设计

肉鸭生产中所采用的饲养方式主要有地面垫料平养和网上平养两种，无论哪种方式都是在该批次鸭群出栏后集中清理粪便和垫料。一般夏季鸭粪含水量较高，其他季节鸭粪的含水量较低，粪便处理一般采用堆积发酵处理，也有的采用晾晒的办法进行处理。粪便堆积贮存场的设计要求如下。

1. 做好与生产区的隔离

粪场距离鸭舍的最近距离不少于40米（图3-19）。一般把鸭粪场放在生产区的围墙外面，通过专用的大门与场内的污道相通。在鸭粪场与生产区之间要大量种植树木进行绿化隔离，通过树木吸附粪便堆积过程中产生的粉尘、氨气、硫化氢等，减少对生产区环境的污染。

图3-19 粪便堆积离大棚太近

2. 防止粪水下渗

粪便堆积贮存场地面要求硬化处理，并做成槽状。粪便在槽内堆积能够防止堆积场地占地面积过大，防止粪水四溢，有利于堆积起来的粪便发酵。粪槽有3个侧壁，在另一端敞开便于拉粪车进入装粪。侧壁的高度0.8～1米（外侧间隔性地设计若干个斜坡便于清粪车向槽内倾倒粪便），宽度3～5米，长度20～30米。根据肉鸭场的规模，可以设置1个或多个贮粪槽。

3. 防止雨淋

粪便堆积处理槽上面要修建大棚用于遮雨，否则粪便堆积贮存过程中如果遇到下雨天气，尤其是遇到连阴雨，会把粪便淋成稀粪并到处流淌，大面积地污染土壤、地下水。受到雨淋后稀粪也给后续处理和运输带来困难。

（二）死鸭处理设施设计

在规模化肉鸭养殖场内鸭出现零星的死亡不足为奇，关键是做好无害化处理。因为，因病死亡的鸭很可能是病原体的重要携带者，如果被随意丢弃则丢在哪儿污染到哪儿；如果出售出去，则在哪里屠宰哪里就被污染，而且危害食用者的健康。

目前，病死鸭的无害化处理有 3 种常用方法：深坑掩埋、焚烧和高温蒸煮。

1. 深坑掩埋的设计

在肉鸭场的污染处理区挖直径约 2 米、深度约 6 米的坑，坑口用水泥混凝土做成长约 3 米的正方形盖板，中间留一个直径 0.5 米的孔。将死鸭或经过剖检的鸭子经过消毒后丢进坑内，并向坑内撒一些生石灰粉，再把坑盖上的孔盖住。当鸭子尸体距坑口还有 1.2 米的时候用较大剂量的消毒药进行消毒处理，之后用土和石灰分层填埋。确保填埋后鸭的尸体距离地面不低于 1.5 米。

2. 焚烧炉的设计

目前，有专门的肉鸭尸体焚烧炉出售，可以向有关厂家订购。也可以自行建造，使用砖和水泥砌成立式炉灶，下部作为燃烧室，中间部位是鸭子尸体放置室，中间用钢筋做篦子，鸭子尸体放在篦子上，上部为烟囱。每天焚烧 1 次。燃料可以使用木材或天然气。

3. 高温蒸煮消毒

目前，在个别肉鸭场使用。经过高温蒸煮处理的鸭子尸体用于饲养鲶鱼或其他动物。

第四节　肉鸭生产的主要设备

一、喂料设备

肉鸭的喂料设备主要有开食盘、料箱、料桶和料盆等。大型肉鸭专业化生产企业也有自动喂料系统（俗称料线）的。

1. 开食盘

用于雏鸭开食。开食盘为浅的塑料盘，一般可以用小号料桶的底盘作为开食盘使用。也有用长方形搪瓷盘作为开食盘的（图3-20）。

图3-20　开食盘

2. 料箱

由木板和木条制成，包括料箱和料槽（底盘）两部分。料槽的长度常用的有1米、1.5米和2米的。不同日龄的肉鸭由于体形差异，料槽的深度和宽度应有区别，料槽太浅容易造成饲料浪费，太深影响采食。育雏期料槽边缘的高度一般为5厘米左右，青年鸭和成年鸭料槽深度分别约为10厘米和15厘米。各种类型料槽底部宽度为35~45厘米，上口宽度比底部宽5~10厘米。料箱安装在料槽的中间，高度25~35厘米，箱体顶部宽度约30厘米、底部宽度约

20 厘米，安放在料槽底部后料箱的边缘与料槽的边框之间有 10 ~ 15 厘米的距离。在料槽的正中间用木板钉成三角形挡片，处于料箱的下部正中。当料箱内添加饲料后，饲料沿三角形挡片向两侧下滑，进入料槽供鸭采食。

3. 料桶

可用养鸡的料桶代替，主要用于 21 日龄前肉鸭的饲养。

4. 料盆

料盆口宽大，适合鸭的采食特点，是使用较普遍的喂料设备。常用塑料盆，价格低，便于冲洗消毒。直径 40 ~ 45 厘米，高度 10 ~ 20 厘米，盆底可适当垫高 5 ~ 10 厘米，防止饲料浪费。主要用于饲喂 3 周龄以后的肉鸭和肉种鸭。

5. 料槽

鸡用料槽不适于饲养肉鸭，主要因宽度偏小，影响鸭的采食和造成饲料的浪费。有室外运动场的鸭舍常在运动场用砖和水泥砌成料槽，料槽的深度约 15 厘米、宽度 15 ~ 20 厘米，用于 1 月龄以上鸭群的饲喂。

6. 螺旋弹簧式喂料机

广泛应用于平养鸭舍。电动机通过减速器驱动输料圆管内的螺旋转动，料箱内的饲料被送进输料圆管，再从圆管中的各个落料口掉进圆食槽。由料箱、螺旋弹簧、输料管、盘桶式料槽、带料位器的料槽和传动装置组成。螺旋弹簧和盘桶式料槽是其主要工作部件。螺旋弹簧为锰钢材质，多数采用矩形断面，也有圆形断面，前者推进效率高，矩形断面尺寸 8 毫米 × 3 毫米，圆形断面直径为 5 毫米。螺旋弹簧外面套有输料管，输料管的上方安装防栖钢丝，下方等距离地开设若干个落料口，落料口直径与盘桶式料槽相连，输料管末端安装带料位器的盘桶式料槽，其料位器采用簧管式。

二、饮水设备

肉鸭养殖中常用的饮水设备有水槽、水盆、真空饮水器、乳头式饮水器和吊塔式饮水器。

1. 水槽

可以用于 10 日龄以上的鸭群，有两种形式。一是将直径为 12 ~ 15 厘米的聚乙烯水管的上 1/3 部分切掉呈槽状，但是每隔 1 米要留下一处宽约 7 厘米的圆环状，起到固定水槽形状的作用；在水槽的下部用木条做支架（每间隔 1 米放 1 个支架）固定水槽。这种水槽可以用于地面垫料平养和网上平养的饲养方式。

另一种是用砖和水泥砌成，设在鸭舍内的一侧。其宽度 20 厘米左右，深约 15 厘米，沿水槽底部纵轴有 2°的坡度，便于水从一端流向另一端。这种水槽适用于地面垫料平养方式。

为了防止鸭进入水槽，可以在水槽的侧壁安设金属或竹制栏栅，高 50 厘米，栅距约 6 厘米。

2. 水盆

可以使用普通的洗脸盆。为了防止鸭跳入水盆，可以在盆外罩上设上小下大的圆形栅栏，适用于 4 周龄以上的鸭群。

3. 真空饮水器

真空饮水器为塑料制品，规格有多种，使用方便、卫生，可以防止饮水器洒水将垫料弄湿。主要用于 1 月龄以内的肉鸭。

4. 乳头式饮水器

有肉鸭专用乳头式饮水器。使用过程中要随鸭体格的长大而经常调整高度。适用于各种类型和日龄的肉鸭，标准化肉鸭养殖场常用。

5. 吊塔式饮水器

悬吊于房顶，与自来水管相连，不需人工加水。随着肉鸭日龄的增加需要逐渐提高高度。

三、温控设备

1. 地下火道

普通大棚肉鸭养殖过程中使用较多、效果较好的一种加热设备。在鸭舍的一端设置炉灶，炉坑深约 1.5 米，炉膛比鸭舍内地面低 50 厘米，在鸭舍的另一端设置烟囱。炉膛与烟囱之间由 3 ~ 5 条管道相连，管道均匀分布在鸭舍内的地下，一般管道之间的距离在 1.5 米左右。靠近炉膛处管道上壁距地面约 25 厘米，靠近烟囱处距地面约 7 厘米。

使用地下火道加热方式的鸭舍，地面温度高、室内温度低。缺点是老鼠易在管道内挖洞而阻塞管道；另外，管道设计不合理时舍内温度不均匀。

2. 地上水平烟道

也称为火笼。地上水平烟道是在育雏舍墙外建一个炉灶，根据育雏舍面积的大小，在室内用砖砌成 1 个或 2 个烟道，一端与炉灶相通（图 3－21）。烟道排列形式因房舍而定。烟道另一端穿出对侧墙后，沿墙外侧建一个较高的烟囱，烟囱应高出鸭舍 1 米左右，通过烟道对地面和育雏舍空间加温。烟道供温应注意烟道不能漏气，以防煤气中毒。烟道供温时室内空气新鲜，粪便干燥，可减少疾病感染，适用于广大农户养鸭和中小型鸭场，对平养和笼养均适宜。

图 3－21　用砖垒成的地上水平烟道

3. 煤炉供温

煤炉由炉灶和铁皮烟筒组成。使用时先将煤炉加煤升温后放进育雏舍内，炉上加铁皮烟筒，烟筒伸出室外，烟筒的接口处必须密封，以防煤气中毒，同时注意防火。此方法适用于较小规模的养鸭户使用，方便简单。

标准化肉鸭养殖，可以使用燃气式供暖炉（图 3 – 22）或燃煤式供暖炉（图 3 – 23）。

图 3 – 22 燃气式供暖炉

图 3 – 23 燃煤式供暖炉

4. 保温伞

保温伞由伞部和内伞两部分组成。伞部用镀锌铁皮或纤维板制成伞状罩，内伞有隔热材料，以利于保温。热源用电阻丝、电热管或煤炉等，安装在伞内壁周围，伞中心安装电热灯泡。直径为 2 米的保温伞可养雏鸭 250 ~ 400 只。保温伞育雏时要求室温 24℃以上，伞下距地面高度 5 厘米处温度 35℃，雏鸭可以在伞下自由出入。此种方法一般用于平面垫料育雏。

5. 红外线灯泡加热

利用红外线灯泡散发出的热量育雏，简单易行，被广泛使用。为了增加红外线灯的取暖效果，可在灯泡上部制作一个大小适宜的保温灯罩，红外线灯泡的悬挂高度一般离地 25 ~ 30 厘米。1 只 250 瓦的红外线灯泡在室温 25℃时一般可供 100 只雏鸭保温，舍温 20℃时可供 70 只雏鸭保温。

6. 暖风炉与冷风机

炉体安装在舍外，由管道将热气送入舍内，主要燃料为煤。暖风炉使用效果好，但安装成本较高。还有一种是使用锅炉将水加热后通过管道输送到鸭舍，每间隔 2 米安装 1 个散热片，散热片的后面有小风机将散热片散发的热量吹散到鸭舍内。暖风炉一般用于饲养量较大的鸭舍。

冷风机，具有降温效果好、湿润净化空气，低压、大流量、耗电省、噪声低、制冷快，运转平稳、安全可靠、运行成本低、操作简单、维护方便的优点。

7. 湿帘降温设备

湿帘纸采用独特的高分子材料与木浆纤维分子间双重空间交联，并用高耐水、耐火性材料胶结而成。既保证了足够的湿挺度、高耐水性能，又具有较大的蒸发比表面积和较低的过流阻力损失。波纹纸经特殊处理，结构强度高，耐腐蚀，使用周期长。具有优良的渗透吸水性，可以保证水均匀淋透整个湿帘墙特定的立体空间结构，为水与空气的热交换提供了最大的蒸发面积。

使用时将湿帘安装在鸭舍的前端，将大流量轴流风机安装在鸭舍末端。风机启动时舍外空气通过湿帘进入鸭舍，当空气经过湿帘的过程中发生热交换，空气温度降低 3 ~ 5℃，是肉鸭标准化养殖场户夏季高温期降低鸭舍温度的重要措施。

8. 湿帘风机

由表面积很大的特种纸质波纹蜂窝状湿帘、高效节能风机、水循环系统、浮球阀补水装置、机壳及电器元件等组成。其降温原理是：当风机运行时冷风机腔内产生负压，使机外空气流进多孔湿润、有着优异吸水性的湿帘表面进入腔内，湿帘上的水在绝热状态下蒸发，带走大量潜热，迫使过帘空气的干球温度比室外干球温度低3～8℃（干热地区可达10℃），空气愈干热，其温差愈大，降温效果愈好。其运行成本低，耗电量少，降温效果明显，空气新鲜，使用环境可以不关闭门窗。

9. 喷雾降温系统

系统由连接在管道上的各种型号的雾化喷头、压力泵组成。

喷雾降温系统，是一套非常高效的蒸发系统，它通过高压喷头将细小的雾滴喷入鸭舍内。随着湿度的增加，热能（太阳光线＋鸭体热）转化为蒸发能，数分钟内温度即降至所需值。由于所喷水分都被舍内空气吸收，地面始终保持干燥。这种系统可同时用作消毒用，因此，增进鸭的健康。由于本系统能高效降温，因此，可减少通风量以节约能源。当要求舍内的小环境气候既适宜又卫生时，可全年进行使用。本系统有夏季降温、喷雾除尘、连续加湿、环境消毒、清新空气、全年控制等特点。

四、通风设施

通风的主要目的是用舍外的清新空气更换舍内的污浊空气，降低舍内空气湿度，缓解夏季热应激。

通风方式可分为自然通风和机械通风。自然通风是靠空气的温度差、风压，通过鸭舍的进风口和排风口进行空气交换的。机械通风由进风口和排风扇组成，也有使用吊扇的。

1. 低压大气流轴流风机

是目前在畜禽舍建造上使用较多的风机类型，国内有不少企业都可以生产，表3-1显示了某些型号风机的技术参数。

表 3 - 1　低压轴流风机的技术参数

型号	叶轮直径/ 毫米	叶轮转速/ （转/分）	电机功率/ 千瓦	风量 （米³/小时）	噪声/ 分贝	外形尺寸/ 毫米
9FZJ-1400	1 400	310	1.5	60 000	<76	1 550×1 550×441
9FZJ-1250B	1 250	350	0.75	42 000	<76	1 400×1 400×432
9FZJ-900	900	450	0.45	27 500	<76	1 070×1 070×432
9FZJ-710	710	636	0.37	13 000	<76	815×815×432
9FZJ-560	560	800	0.25	9 000	<71	645×645×412

注：转速及流量均为静压时的数据

低压轴流风机所吸入的和送出的空气流向与风机叶片轴的方向平行。其优点主要有：动压较小、静压适中、噪声较低，流量大、耗能少、风机之间气流分布均匀。在大、中型畜禽舍的建造中多数都使用了这种风机。

2. 环流通风机

广泛应用于温室大棚、畜禽舍的通风换气，尤其对封闭式棚舍湿气密度大、空气不易流动的场所，按定向排列方式作接力通风，可使棚舍内的混杂湿热空气流动更加充分，降温效果极佳。该产品具有低噪声、风量大且柔和、低电耗、效率高、重量轻、安装使用方便等特点。

3. 吊扇

主要用途是促进鸭舍内空气的流动，饲养规模较小的鸭舍在夏季可以考虑安装使用。

五、照明设备

肉鸭生产中照明的目的在不同的生长阶段是不一样的，雏鸭阶段是为了方便采食、饮水、活动和休息，防止发生停电应激；肉种鸭青年期主要是控制性成熟；成年阶段则主要是刺激生殖激素的合成和分泌，提高繁殖性能。

（一）人工照明设备

1. 灯泡

生产上使用的主要是白炽灯泡，个别有使用日光灯的。日光灯的发光效率比白炽灯高，40 瓦的日光灯所发出的光相当于 80 瓦的白炽灯。日光灯的价格较高，低温时启动受影响。没有安装光照自动控制系统的鸭舍，要求在鸭舍内将灯泡成列安装，灯泡之间的距离为 3 米左右，每列灯泡由一个电闸控制。灯泡距地面或网床床面 1.7米左右。

2. 光照自动控制仪

也称 24 小时可编程序控制器，根据需要可以人为设定灯泡的开启和关闭时间，免去了人工开关灯所带来的时间误差及劳动量。如果配备光敏元件，在鸭舍需要光照的期间还可以在自然光照强度足够的情况下自动开关灯，节约电力。

（二）自然光照控制

生产中，有的时候自然光照显得时间长（如 12～20 周龄的青年种鸭处于 6～7 月时）或强度大，需要调整。一般的控制方法是在鸭舍的窗户上挂上深色窗帘，人为开启调控。

六、卫生消毒用具

1. 喷雾消毒器

有多种类型，一般由农业喷雾器或畜禽舍专用消毒喷雾器等，主要用于鸭舍内外环境的喷洒消毒。

2. 高压冲洗设备

在大型肉鸭场还要配备高压消毒、冲洗设备，用于出栏后的鸭舍和场内道路、车辆的冲洗和消毒。

3. 紫外线灯

用于人及其他物品的照射消毒，功率为 40～90 瓦。一般安装在生产区入口处的消毒室内，也可以安装在禽舍的进口处。它所发出的紫外线可以杀灭空气中及物体表面的微生物。

4. 火焰消毒器

对地面、墙壁、铁丝围网等进行消毒。

七、运动场建设

在鸭棚的前屋檐下、舍内外结合部设置饮水槽，槽口大小在 15 厘米内，使雏鸭能饮到水为宜，也可使用自动饮水设备。水槽四周要用水泥硬化，同时修建有漏水盖板的排水沟，以便冲洗消毒。鸭舍内要保持良好通风，保持适当的温度和湿度。

肉鸭饲养在大棚内属于旱养，但如果大棚前有宽敞的活动空间，也可以设置运动场（图 3 - 24），如能再设置较浅的水面，对于夏季大棚养肉鸭有一定好处，尤其对于 4 周龄以上的肉鸭。天气炎热时，可用刚抽取的深井水使鸭子通过洗浴来降温，但必须是常流水，这样有利于肉鸭饮用清洁的凉水增进采食，促进增重。但是，肉鸭在进入大棚前需要在运动场晾干羽毛，避免把水带入鸭舍，弄脏弄湿垫料。其他季节一般不使用水面运动场。

图 3 - 24　大棚外的简易运动场

八、免疫接种用具

在肉鸭生产中，免疫接种最常使用的是连续注射器和普通注射器，可用于皮下或肌内注射接种疫苗。滴鼻、点眼或滴口接种疫苗时，常使用胶头滴管。

第五节　肉鸭生产设备的维护与保养

任何设备都有使用期限，任何设备都有可能出现故障，对其维护、保养得好坏，决定着设备使用寿命的长短，决定着生产效益的高低。因此对设备的检查、清洗要及时，保养要到位。对设备进行定期检查，小修及时，大修准时，努力减少计划外检修，以此提高设备的完好率，保证生产的正常运行。一批肉鸭出栏后，要安排指定专人负责设备检修和保养，不可麻痹大意，保障下一批进鸭后，设备能正常运转。

一、水线的维护和保养

首先保证水线有合理的压力，压力过大过小都不好。压力过大，肉鸭饮水时，乳头容易喷水，浪费饮水和药物；压力过小，水不能到达水线的另一端。其次是保证每个乳头都处于正常的工作状态，不堵、不滴、不漏。水线的日常维护如下。

（一）定期冲洗水线、过滤器

冲洗水线时先把水线中间或两端的阀门打开，防止水线压力突增而破坏，然后把解压阀置于反冲状态，同时要求水流有足够大压力，一条一条地逐条冲洗，每条水线冲洗的时间不少于 15 分钟，直至流出的都是清澈的水为止。平时每 2～3 天冲洗 1 次，用药多时 1～2 天冲洗 1 次。

（二）药物的过滤

用药时要先在水桶里把药物溶解好，再通过过滤布倒入加药器中。过滤布可选用纱布，减少药水如含有多维、中药口服液的药水对水线堵塞的几率。

（三）乳头和过滤器勤清洗

勤于检查乳头和过滤器，并及时更换工作不正常的或坏掉的乳头和过滤器，保证水线管道接口良好、无滴水和漏水现象；过滤器要勤于换洗过滤网，保证过滤性能良好；及时调整水线的高度，保持饮水乳头和鸭的眼睛相平。

（四）肉鸭出栏后的维护保养

肉鸭出栏后要对水线进行彻底的清理，包括饮水管道和过滤器。可选用专用的黏泥剥离剂等制剂对水线进行浸泡，浸泡过程中水线内始终保持药水充盈，浸泡足够时间后用有足够大压力的清水进行反复冲洗，直到冲洗干净为止。对于难于冲洗干净的可分解水线管道，从接口处解开，然后用钢丝拴系棉球，在水线内拉动，然后用清水冲洗。

横向饮水管道因为没有饮水乳头，清洗过程中最容易被忽视。横向管道因长时间使用，内部同样会沉淀下很多黏泥堵塞管道，造成管腔狭窄，导致水线压力降低，供水不足，乳头缺水的现象。因此，也必须彻底清洗。

二、料线的维护和保养

注意检查料盘是否完好，防止料盘脱落浪费饲料；在料线打料的过程中，切忌把手伸入辅料线管腔中，防止绞龙绞破手指。

料塔要做好防水工作，以免饲料发霉或结块，影响饲料质量和饲料的传送。夏季，要注意料塔不可一次贮料过多，随用随加，同时做好隔热处理，防止料塔内高温影响饲料的质量和品质。

三、暖风炉

（一）随时检查水位

随时检查补水箱的水位，保证补水箱内始终有水，并做到及时添加，防止因缺水干烧而烧坏暖风炉；及时排净热水循环管和辅机中的气体，保持辅机内热水的正常循环。定时检查辅机进水管和出水管的接口是否牢固，防止接口松动而流水，导致暖风炉缺水被烧坏。

（二）停电后的管理

当停电时，由于循环水泵停止工作，暖风炉中的热水便停止循环，炉腔内的热水变成死水，很快便会被烧开而发生热水喷溢，这样炉子极容易被烧坏，而且，再次通电后由于热水循环管中因缺水进气导致辅机中有气体存在，出现辅机不热。所以停电后要立刻关闭暖风炉风门，打开添煤的炉门，并用碎灰封上炉火，把电脑置于停止状态；待电恢复供应时，并再次给辅机、热水循环管进行排气，同时查看补水箱，注意补水，一切正常后再把暖风炉置于正常工作状态，把电脑置于自动控制状态。

（三）检查炉灰和烟囱

当暖风炉停止使用时，要彻底清理炉膛和炉腔中的煤灰，防止因炉灰填满炉腔，导致炉火不能有效加热热风管而出凉风，影响供暖效果；仔细检查烟囱，尤其是烟囱的接口、烟囱的背面，查看是否有漏烟的地方，及时修缮或更换，防止进鸭后烟囱冒烟或外漏有害气体，给肉鸭造成危害。

（四）辅机检查与维护

对于水暖辅机，在使用过程中要勤于排气，保持热水畅通和良好的散热功能。对于出栏后辅机的清理工作，要卸开辅机，彻底清理辅机上粘附的舍内粉尘，如果用水清洗要注意保护电机，并注意水压不可过大而把散热片喷坏，清理完后，用气枪吹干，防止叶片生锈或轴承锈死。再次进鸭时，提前用手转动风叶，然后再通电工作，防止因轴承生锈而烧坏电机。

（五）温度探头的检查

勤于检查温度探头位置，做好温度探头的防水工作，保证温度探头灵敏，所反映的温度正确。

四、风机和进风口

要定期检查风机的转速是否正常，传送带的松紧程度是否合适，风机外面的百叶窗开启和关闭是否良好，并定期往轴承上涂抹润滑油，保证风机正常工作，并避免因百叶窗关闭不好，往舍内倒灌凉风的现象。对于进风口要定期查看，要求关闭良好，有问题及时修缮。

五、发电机及配电设备的维护

定期检查和使用，保证良好的工作状态，做到随开随用，要用能开；同时备好燃料油、水、防冻液、维修工具、常用配件等。对中型以上的规模养殖场，要有两台备用的发电机组，其中一台一旦出现故障，另一台保证能正常使用。

所有配电设备做好防水，尤其是冲刷鸭舍的时间；并定期检查接头是否良好、有无老化和漏电现象。对容易腐蚀的金属设备要定期涂刷防锈漆，延长其使用寿命。对于高负荷运转的风机、电机、刮粪机要经常涂抹润滑油，做好定期保养。

六、门窗的开启和关闭

随时检查门窗的开启和关闭情况、烟囱的完好情况，对于出现问题者要做到及时修缮。

第四章 标准化规模肉鸭场饲料与营养的全价化

第一节 肉鸭常用的饲料原料

一、能量饲料

动物机体为维持生命和生产活动，均需一定的能量。饲料中的糖类、脂肪和蛋白质中都蕴藏着能量。饲料中的能量不是一种营养素，而是能产生能量的营养素在代谢过程中被氧化时的一种特性。

能量饲料是指饲料绝干物质中粗纤维含量低于18%、粗蛋白低于20%的饲料。如谷实类、糠麸类、演粉质块根块茎类、糟渣类等。一般每千克饲料干物质含消化能在10.46兆焦以上的饲料均属能量饲料。消化能值在12 558千焦以上的为高能饲料，在12 558千焦以下的为低能饲料。

能量饲料包括植物性能量饲料和油脂类能量饲料两大类。

1. 谷实类饲料

谷实类饲料的突出特点是淀粉含量高，粗纤维含量少，故可利用能值高。谷实类饲料是为畜禽提供能量的主要来源，占全价配合饲料和精料混合料的配比最高。

（1）玉米 又名苞米、苞谷等，为禾本科玉米属一年生草本植物。玉米的亩产量高，有效能多，是最常用而且用量最大的一种能量饲料。玉米中养分含量与营养价值参见表4 - 1。

玉米产量高，饲用价值也高，含碳水化合物70%以上，脂肪3.5%～4.6%，属高能饲料；但蛋白质含量少，一般为7%～9%，其品质较差,尤其是赖氨酸、蛋氨酸和色氨酸不足;灰分中钙含量少,为 0.01% ~ 0.05%,磷的含量为 0.2% ~ 0.3%,比其他禾谷类低,且磷多以植酸盐的形式存在,对单胃动物来说利用率很低;玉米含有较多的维生素 E 和维生素 B_1,其他 B 族维生素含量较低,玉米籽实颜色有黄白之分,黄玉米中含有较多的胡萝卜素和叶黄素,叶黄素有助于改善家禽皮肤与蛋黄的着色。

表4-1 一些谷实饲料中养分含量   (%)

饲料	干物质	粗蛋白质	粗脂肪	无氮浸出物	粗纤维	粗灰分	钙	总磷
玉米	86	8.7	3.6	70.7	1.6	1.4	0.02	0.27
小麦	87	13.9	1.7	67.6	1.9	1.9	0.03	0.41
稻谷	86	7.8	1.6	63.8	8.2	4.6	0.03	0.36
糙米	87	8.8	2	74.2	0.7	1.3	0.06	0.35
碎米	88	10.4	2.2	72.7	1.1	1.6	0.09	0.35
皮大麦	87	11	1.7	67.1	4.8	2.4	0.04	0.33
裸大麦	87	13	2.1	67.7	2	2.2	0.13	0.39
高粱	86	9	3.4	70.4	1.4	1.8	-	0.36
燕麦全粒	87	10.5	5	58	10.5	3	-	-
除壳燕麦	87	15.1	5.9	61.6	2.4	2	0.12	-
粟	86.5	9.7	2.3	65	6.8	2.7	0.05	0.3
甜荞麦	83.2	9.6	1.8	59.2	9.7	2.9	0.08	0.26

(2)大麦 有带壳和不带壳两种,通常的大麦是指带壳的,其代谢能约为每千克 11.30 兆焦,不带壳的大麦代谢能约为每千克 11.72 兆焦。大麦适口性好,含粗纤维 5% 左右,可促进动物胃肠蠕动,维持正常消化机能,猪、禽、草食动物都很爱吃。大麦蛋白质含量较高,为 11% 左右,赖氨酸、色氨酸和异亮氨酸含量均比玉米

高。大麦的亚油酸和维生素含量均偏低。

我国所产大麦多作为啤酒酿造原料，用作饲料的数量较少。如果价格合算，在配制饲料时应选择大麦取代部分玉米。

（3）小麦　按栽培季节，可将小麦分为春小麦和冬小麦；按籽粒硬度，可将小麦分为硬质小麦、软质小麦。小麦在我国为用量第二大的能量饲料。

小麦有效能值高，鸭代谢能为 12.89 兆焦/千克。粗蛋白质含量居谷实类之首位，一般达 12% 以上，但必需氨基酸尤其是赖氨酸不足，因而小麦蛋白质品质较差。无氮浸出物多，在其干物质中可达 75% 以上。粗脂肪含量低（约 1.7%），这是小麦能值低于玉米的原因之一。矿物质含量一般都高于其他谷实，磷、钾等含量较多，但一半以上的磷以植酸磷形式存在，动物很难直接利用。小麦中非淀粉多糖（NSP）含量较多，可达小麦干重 6% 以上。小麦非淀粉多糖主要是阿拉伯木聚糖，这种多糖不能被动物消化酶消化，而且有黏性，在一定程度上影响小麦的消化率，因此，在用小麦配制肉鸭饲料时最好添加木聚糖酶等酶制剂，以提高小麦的利用率。

次粉是以小麦为原料磨制各种面粉后获得的副产品之一，比小麦麸营养价值高。由于加工工艺不同，制粉程度不同，出麸率不同，所以次粉成分差异很大。因此，用小麦次粉作饲料原料时，要对其成分与营养价值实测。

小麦对鸭的适口性好，日粮中适当使用小麦，不仅能减少饲粮中蛋白质饲料的用量，而且可提高肉质，但应注意小麦的消化能值低于玉米。同时注意制作鸭饲料时最好用陈小麦，当年收获的小麦要慎用。

（4）稻谷和糙米　稻谷是我国最重要的谷物，约占我国粮食产量的 1/2。在我国南方一些玉米供应不足的地区常用稻谷、糙米、碎米和陈大米作饲料。

稻谷的代谢能值低，每千克仅 10.5～10.9 兆焦。稻谷和糙米的唯一区别是稻壳之有无，稻壳是谷物外皮中营养最低者，成分主要是木质素和硅酸，稻壳占稻谷的 20% ~ 25%。由于稻壳难以消化，故不宜用作饲料。稻谷脱壳为糙米，糙米的代谢能约为每千克 14 兆焦，与玉米相当。糙米的蛋白质含量和氨基酸组成与玉米等谷物相当，含脂肪约 2%，矿物质含量少，所含磷约 70% 为植酸磷，利用率稍低。B 族维生素含量较高，但 β-胡萝卜素极少。

2. 糠麸类

（1）米糠　水稻加工大米的副产品，称为稻糠。稻糠包括砻糠、米糠和统糠。砻糠是稻谷的外壳或其粉碎品。稻壳中仅含 3% 的粗蛋白质，但粗纤维含量在 40% 以上，且粗纤维中半数以上为木质素。米糠是除壳稻（糙米）加工的副产品。统糠是砻糠和米糠的混合物。例如，通常所说的三七统糠，意为其中含三份米糠，七份砻糠；二八统糠，意为其中含二份米糠，八份砻糠。

米糠是糙米精制时产生的果皮、种皮、外胚乳和糊粉层等的混合物。果皮和种皮的全部、外胚乳和糊粉层的部分，合称为米糠。米糠的品质与成分因糙米精制程度而不同，精制的程度越高，米糠的饲用价值愈大。具体含量见表 4 - 2。

表 4 - 2　小麦麸和米糠中各养分含量　　　　　　（%）

类别	干物质	粗蛋白质	粗脂肪	无氮浸出物	粗纤维	粗灰分	钙	总磷
小麦麸	87.0	15.7	3.9	56.0	6.5	4.9	0.11	0.92
米糠	87.0	12.8	16.5	44.5	5.7	7.5	0.07	1.43
米糠饼	88.0	14.7	9.0	48.2	7.4	8.7	0.14	1.69
米糠粕	87.0	15.1	2.0	53.6	7.5	8.8	0.15	1.82

米糠中粗蛋白质含量较高，约为 13%，氨基酸的含量与一般谷物相似或稍高于谷物，但其赖氨酸含量高。脂肪含量高达 10% ~ 17%，脂肪酸组成中多为不饱和脂肪酸。粗纤维含量较多，质地疏松，容重较轻。但米糠中无氮浸出物含量不高，一般在 50% 以下。米糠中有效能较高，如含代谢能（鸭）为 10.92 兆焦/千克。有效能值高的原因显然与米糠粗脂肪含量高达 10% ~ 18% 有关，脱脂后的

米糠能值下降。所含矿物质中钙少磷多，钙、磷比例极不平衡（1：20），但80%以上的磷为植酸磷。B族维生素和维生素E丰富。

（2）小麦麸　小麦麸俗称麸皮，是以小麦籽实为原料加工面粉后的副产品。小麦麸的成分变异较大，主要受小麦品种、制粉工艺、面粉加工精度等因素影响。小麦麸中养分含量参见表4-2。

粗蛋白质含量高于小麦，一般为15%左右。与原粮相比，小麦麸中无氮浸出物（60%左右）较少，但粗纤维含量高，达到10%，甚至更高。正是这个原因，小麦麸中有效能较低。灰分较多，所含灰分中钙少（0.1%~0.2%）磷多（0.9%~1.4%），钙、磷比例（约1：8）极不平衡，但其中磷多为（约75%）植酸磷。另外，小麦麸中铁、锰、锌较多。由于麦粒中B族维生素多集中在糊粉层与胚中，故小麦麸中B族维生素含量很高，如含核黄素3.5毫克/千克，硫胺素8.9毫克/千克。

3. 块根、块茎及瓜类

此类饲料的营养特点是水分含量高，一般为70%~90%。作为能量饲料利用主要是除去水分后的根、茎、瓜类。

（1）甘薯　又叫红薯。甘薯粉干物质（90%）中，可溶性碳水化合物占80%。其中绝大部分是淀粉。粗蛋白质含量为2%~4%，代谢能水平为每千克11.72兆焦，配料时只能少量利用。但与高蛋白补充料配伍有显著的优越性。

（2）木薯　木薯粉干物质中大约90%是可溶性碳水化合物，而且绝大部分也是淀粉。木薯粉的蛋白质含量很少，仅3.8%左右；粗纤维含量也很少，仅2.8%左右；几乎不含脂肪。

除了甘薯和木薯之外，还有马铃薯、甜菜、胡萝卜等，它们的干物质中均含有丰富的糖、淀粉，能量较高，蛋白质含量低，均具有能量饲料的一般共性。

4. 饲用油脂

种类较多，按室温下形态分，液态的为油，固态的为脂；按脂肪来源可分为动物性脂肪和植物性脂肪。动物性脂肪主要有牛、羊、猪、禽脂肪和鱼油，植物性脂肪包括大豆油、菜籽油、玉米油、花生油等。油脂容易酸败，尤其是夏季，因此，饲料中添加油脂时一定注意其质量。

鸭饲料中添加油脂主要是提高日粮的能量水平、减少粉尘、降低饲料加工设备的磨损及改善饲料风味等作用。油脂的饲用价值主要有油脂的有效能值高，油脂总能和有效能远比一般的能量饲料高。脂肪提供的能量大概是等量碳水化合物的2.25倍。因此，油脂是配制高能量饲粮的首选原料。植物油、鱼油等富含动物所需的必需脂肪酸，它们常是动物必需脂肪酸的最好来源。同时油脂可作为动物消化道内的溶剂，促进脂溶性维生素的吸收。在血液中，油脂有助于脂溶性维生素的运输。添加油脂能增强饲粮风味，改善饲粮外观，防止饲粮中原料分级。此外，油脂还能减轻热应激，减少粉尘，改善制粒效果，减少混合机、制粒机的磨损等。

二、蛋白质饲料

凡干物质中粗蛋白质含量达20%以上的饲料均称为蛋白质饲料。这类饲料粗纤维含量低、有机物易消化、能值高。蛋白质饲料包括植物性蛋白质饲料和动物性蛋白质饲料两大类。

（一）植物性蛋白质饲料

植物性蛋白质饲料可分为三类，即豆科籽实、油料饼粕类和其他制造业的副产品。这类饲料的特点是：蛋白质含量高、品质好，其利用率是谷类的1~3倍；粗脂肪含量变化大，油料籽实在30%以上，非油料籽实只有1%左右，饼粕类为1%~10%；粗纤维含量较低，矿物质含量与谷类籽实近似，钙少磷多，且主要为植酸磷；维生素中B族较丰富，而维生素A、维生素D较缺乏。此类饲料大多含一些抗营养因子，经适当加工调制可以提高其饲喂价值。

1. 大豆、大豆饼（粕）

大豆为双子叶植物纲豆科大豆属一年生草本植物，原产中国。大豆蛋白质含量为32%~40%。生大豆中蛋白质多属水溶性蛋白质（约90%），加热后即溶于水。氨基酸组成良好，植物蛋白中普遍缺乏的赖氨酸含量较高，但含硫氨基酸较缺乏。大豆脂肪含量高，达17%～20%，其中，不饱和脂肪酸较多，亚油酸和亚麻酸可占55%。大豆碳水化合物含量不高，无氮浸出物仅26%左右。纤维素占18%。矿物质中钾、磷、钠较多，但60%的磷为不能利用的植酸磷。铁含量较高。维生素与谷实类相似，含量略高于谷实类；B族维生素含量较多而维生素A、维生素D少。

生大豆中存在多种抗营养因子，其中，加热可被破坏者包括胰蛋白酶抑制因子、血细胞凝集素、抗维生素因子、植酸十二钠、脲酶等。加热无法被破坏者包括皂苷、胃肠胀气因子等。此外，大豆还含有大豆抗原蛋白，该物质能够引起动物肠道过敏、损伤，进而发生腹泻。

生大豆饲喂畜禽可导致腹泻和生产性能的下降，加热处理方法得当的全脂大豆对各种畜禽均有良好的饲喂效果，经过加热处理的全脂大豆，因其良好的效果在养鸭生产中得到越来越多的应用。

大豆饼（粕）是以大豆为原料取油后的副产物。由于制油工艺不同，通常将压榨法取油后的产品称为大豆饼，而将浸出法取油后的产品称为大豆粕。大豆饼粕粗蛋白质含量高，一般为40%～50%，必需氨基酸含量高，组成合理。赖氨酸含量在饼粕类中最高，为2.4%～2.8%。赖氨酸与精氨酸比约为100∶130，比例较为恰当。大豆饼粕色氨酸、苏氨酸含量也很高，与谷实类饲料配合可起到互补作用。蛋氨酸含量不足，在玉米－大豆饼粕为主的饲粮中，一般要额外添加蛋氨酸才能满足畜禽营养需求。大豆饼粕粗纤维含量较低，主要来自大豆皮。矿物质中钙少磷多，磷多为植酸磷（约占61%）。

此外，大豆饼粕色泽佳、风味好，加工适当的大豆饼粕仅含微量抗营养因子，不易变质，使用上无用量限制。大豆粕和大豆饼相比，脂肪含量较低，而蛋白质含量较高，且质量较稳定。大豆在加工过程中先经去皮而加工获得的粕称去皮大豆粕，近年来此产品有所增加，其与大豆粕相比，粗纤维含量低，一般在3.3%以下，蛋白质含量为48%～50%，营养价值较高。

大豆饼（粕）成分及营养价值见表 4 – 3。

表 4 – 3　大豆饼（粕）成分及营养价值

名　称	大豆饼	大豆粕	名　称	大豆饼	大豆粕
干物质/%	89.0	89.0	赖氨酸/%	2.43	2.66
粗蛋白质/%	41.8	44.0	蛋氨酸/%	0.60	0.62
粗脂肪/%	5.8	1.9	胱氨酸/%	0.62	0.68
粗纤维/%	4.8	5.2	苏氨酸/%	1.44	1.92
无氮浸出物/%	30.7	31.8	异亮氨酸/%	1.57	1.80
粗灰分/%	5.9	6.1	亮氨酸/%	2.75	3.26
钙/%	0.31	0.33	精氨酸/%	2.53	3.19
磷/%	0.50	0.62	缬氨酸/%	1.70	1.99
非植酸磷/%	0.25	0.18	组氨酸/%	1.10	1.09
消化能（猪）/（兆焦/千克）	14.39	14.26	酪氨酸/%	1.53	1.57
代谢能（鸭）/（兆焦/千克）	11.05	10.29	苯丙氨酸/%	1.79	2.23
代谢能（鸡）/（兆焦/千克）	10.54	9.83	色氨酸/%	0.64	0.64

注：中国饲料数据库，2002 年第 13 版

大豆饼（粕）也含有一些抗营养因子。评定大豆饼粕质量的指标主要为抗胰蛋白酶活性、脲酶活性、水溶性氮指数、维生素 B_1 含量、蛋白质溶解度等。许多研究结果表明，当大豆饼粕中的脲酶活性在 0.03 ~ 0.4 范围内时，饲喂效果最佳。也可用饼粕的颜色来判定大豆饼粕加热程度适宜与否，正常加热时为黄褐色，加热不足或未加热时，颜色较浅或灰白色，加热过度呈暗褐色。

2. 蚕豆、豌豆

这两种豆类的蛋白质含量不如大豆，且粗纤维含量较高，喂前宜蒸煮或炒熟，用量可占日粮的 6% ~ 10%。

3. 花生饼（粕）

营养价值与大豆饼基本相同，略有香甜味，适口性极好。因含脂肪高，故易变质，不宜久存。用量可占日粮的 10% ~ 20%。

4. 油菜籽饼（粕）

含较高的蛋白质，达34%～38%，氨基酸组成较平衡，含硫氨基酸较丰富，且精氨酸含量低，精氨酸与赖氨酸之间较平衡。但赖氨酸含量低，比大豆饼粕低40%左右。粗纤维含量高，影响其有效能值。微量元素中含铁较丰富而其他元素含量较少。抗营养因子有硫葡萄糖苷（GS）、芥子碱、植酸、单宁等。经加工调制而成的"双低"菜籽饼粕的营养价值较高，可代替豆粕，但目前我国普通的菜籽饼，因含多种抗营养因子，适口性差，饲喂价值低于豆粕，用量不宜超过日粮的5%。

5. 棉籽饼（粕）

含粗蛋白较高，达34%以上；粗纤维含量较高，达13.0%以上；粗脂肪含量较高，是维生素E和亚油酸的良好来源，但不利于贮存。其蛋白质中氨基酸组成：精氨酸的含量高达3.67%～4.14%，但蛋氨酸、赖氨酸含量低，容易产生精氨酸与赖氨酸的拮抗作用，矿物质含量与大豆饼（粕）类似。含有抗营养因子棉酚等，加入0.5%硫酸亚铁，可减轻棉酚对鸭的毒害作用。棉籽饼粕的用量不宜超过日粮的5%。

6. 芝麻饼

粗蛋白质含量达40%以上，蛋氨酸含量最高，可达0.8%以上，色氨酸也较高。但赖氨酸低，仅1.0%左右，精氨酸含量高，为4.0%左右。芝麻饼通常具有苦涩味，适口性差，用量不宜超过日粮的5%，雏鸭应避免使用。将芝麻饼、棉籽饼和花生饼合用，按15%比例添加，效果较好。

7. 葵花饼、葵花粕

脱壳后的葵花饼粕蛋白质含量高达41%，与豆饼相当，但若壳脱不净，则粗纤维含量较高，有效能值低，属于低档蛋白质饼粕饲料，饲喂价值较低。

（二）动物性蛋白质饲料

1. 鱼粉

鱼粉是最好的蛋白质饲料之一。优质鱼粉蛋白质品质好，氨基酸含量高，比例平衡，进口鱼粉赖氨酸含量高达 5%，国产鱼粉 3.0% ~ 3.5%。含粗脂肪 5% ~ 12%，一般为 8%，海产鱼粉中含大量高度不饱和脂肪酸，具有特殊的营养生理作用。鱼粉中粗灰分含量高，含钙 5% ~ 7%，磷 2.5% ~ 3.5%。含盐量少则 1%，多则达 7% 以上，配制日粮时应注意鱼粉的含盐量。鱼粉中粗灰分含量越高，表明鱼骨越多，鱼肉越少。灰分超过 20% 时，可能是非全鱼鱼粉。微量元素中，铁含量最高，达 1 500 ~ 2 000 毫克/千克，其次是锌（100 毫克/千克）、硒（3 ~ 5 毫克/千克）。海产鱼的碘含量高，维生素中 B 族丰富，尤以维生素 B_{12}、维生素 B_2 含量高。

鱼粉是蛋白质、矿物质、部分微量元素和维生素的良好来源，新鲜鱼粉适口性好，因此，其饲用价值比其他蛋白饲料高，且鱼粉中含有未知因子，能促进动物生长。用鱼粉喂鸭，可使鸭增重快、产蛋多。但由于鱼粉价格昂贵，用量受到限制，通常在日粮中含量低于 10%。

使用鱼粉时必须克服因使用不当带来的问题。鱼粉中含较高的组织胺，尤其在沙丁鱼、青花鱼及南美洲的鱼粉中含量特别高，有时可达 1 000 毫克/千克以上，在生产过程中，直火干燥或加热过度可使组织胺与赖氨酸结合，形成糜烂素。使用含糜烂素的鱼粉，可发生家禽患肌胃糜烂症：嗉囊肿大、肌胃糜烂、溃疡与穿孔，发生腹膜炎等。

鱼粉中含较高的脂肪，久存易发生氧化酸败，一般添加抗氧化剂来延长贮藏期。长期使用含脂肪高的鱼粉会使肉质变差。

2. 肉骨粉、肉粉

以屠宰场副产品中除去可食部分之后的残骨、皮、脂肪、内脏、碎肉等为主要原料，经过熬油后再干燥粉碎而得的混合物。含磷量在 4.4% 以上的为肉骨粉，在 4.4% 以下的为肉粉。新鲜时具烤肉香及牛油猪油味，贮藏不良时出现酸败味，肉骨粉的营养成分及品质取决于原料种类及成分、加工方法、脱脂程度及贮藏期等。总体上讲，其蛋白质品质不佳，生物学效价低，蛋氨酸、色氨酸、酪氨酸含量低，脯氨酸、羟脯氨酸和甘氨酸含量多，赖氨酸含量接近豆饼。氨基酸消化利用率低。但肉骨粉中钙、磷含量高，比例平衡，B族维生素含量高，维生素 A、维生素 D 少。肉骨粉用量不宜超过鸭日粮的 6%。

3. 血粉

血粉含粗蛋白 80%～90%，赖氨酸 7%～8%，比鱼粉高近一倍，色氨酸、组氨酸含量也高。但血粉的蛋白质品质较差，血纤维蛋白不易消化。赖氨酸利用率低，氨基酸不平衡，不同动物的血粉成分不同，混合血粉比单一血粉质量好，血粉味苦，适口性差，用量不宜超过 5%，否则可能会引起腹泻。

4. 羽毛粉

羽毛粉含粗蛋白 84% 以上、粗脂肪 2.5%、粗纤维 1.5%、粗灰分 2.8%。蛋白质品质差，氨基酸利用率低，饲用价值低，在日粮中使用主要用于补充含硫氨基酸，用量不可超过 5%。

5. 蚕蛹粉

蚕蛹粉蛋白质含量高，其中，40% 为几丁质氮，其余的为优良蛋白质。含赖氨酸约 3%，蛋氨酸约 1.5%。色氨酸可高达 1.2%，比进口鱼粉高出一倍，且富含钙磷及 B 族维生素，因此，是优质蛋白质。蚕蛹粉脂肪含量高达 20%～30%，其中不饱和脂肪含量高，贮存不当易变质、氧化、发霉和腐烂。脱去脂肪的蚕蛹饼易贮存，且蛋白质含量更高。蚕蛹粉或蚕蛹饼因价格较高，因而用量较低，主要用于补充氨基酸及能量，一般占日粮的 5%～10%。

6. 河蚌、螺蛳、蚯蚓、小鱼、昆虫等

是鸭的优良蛋白质饲料，但喂饲时应蒸煮消毒，防止腐败变质。注意有些软体动物如蚬肉中含有硫胺酶，能破坏维生素 B_1，种鸭吃大量的蚬所产蛋中缺乏维生素 B_1，死胎多，孵化率低，雏鸭易患多发性神经炎，俗称"蚬瘟"。

三、矿物质饲料

植物饲料中所含有的矿物质元素，不能满足畜禽的需要，给畜禽配制饲粮时还要额外给予补充矿物质饲料。目前，需要补充的常量元素主要是食盐、钙和磷，其他微量元素作为添加剂补充。

（一）食盐

食盐，化学名称为氯化钠，含有氯元素和钠元素，是动物营养中重要的养分。精制食盐含氯化钠 99% 以上，粗盐含氯化钠为 95%。纯净的食盐含氯 60.3%，含钠 39.7%，此外，尚有少量的钙、镁、硫等杂质。食用盐为白色细粒，工业用盐为粗粒结晶。食盐除了具有维持体液渗透压和酸碱平衡的作用外，还可刺激唾液分泌，提高饲料适口性，增强动物食欲，具有调味剂的作用。

一般食盐在鸭饲料中的用量以 0.3% ~ 0.5% 为宜。补饲食盐时，除了直接拌在饲料中外，也可以以食盐为载体，制成微量元素添加剂预混料。由于食盐吸湿性强，在相对湿度 75% 以上时开始潮解，作为载体的食盐必须保持含水量在 0.5% 以下，并妥善保管。

（二）石粉

又称石灰石粉，为天然的碳酸钙，一般含纯钙 35% 以上，是补充钙的最廉价、最方便的矿物质原料。按干物质计，石灰石粉的成分与含量如下：灰分 96.9%、钙 35.89%、氯 0.03%、铁 0.35%、锰 0.027%、镁 2.06%。

天然的石灰石中，只要铅、汞、砷、氟的含量不超过安全系数，都可用作饲料。石粉的用量依据畜禽种类及生长阶段而定，一般畜禽配合饲料中石粉用量为 0.5% ~ 2%。石粉作为钙的来源，粒度以中等为好，一般猪为 0.5 ~ 0.7 毫米，禽为 0.6 ~ 0.7 毫米。

（三）含磷的矿物质饲料

多属于磷酸盐类，有磷酸钙、磷酸氢钙、骨粉等。本类矿物质饲料既含磷，也含有钙。磷酸盐同时含氟，但含氟量一般不超过含磷量的1％，否则需进行脱氟处理。磷酸氢钙含钙在20％以上，含磷在15％以上，且是磷的主要来源。

（四）铁源

硫酸亚铁、硫酸铁、三氯化铁、碳酸亚铁、氧化铁、延胡索酸铁均是铁元素的补充剂。其中，利用率最高的是硫酸亚铁，且原料广泛，价格便宜。

（五）锌源

碳酸锌、氧化锌、硫酸锌三者利用率相同，习惯上人们常用价格较低的硫酸锌。

（六）铜源

铜元素的无机盐有碱式碳酸铜、氯化铜、氧化铜、氢氧化铜、硫酸铜等。按利用效率来看，硫酸铜比氧化铜、氯化铜及碳酸铜更好，且国内市场硫酸铜来源广泛、价格低，所以常选用硫酸铜作为铜元素的补充剂。

（七）锰源

碳酸锰、氧化锰及硫酸锰，这三者中硫酸锰的利用率最高。因此，鸭饲料常用硫酸锰来提供锰的需要。

（八）硒源

亚硒酸钠、硒酸钠、硒化钠、硒元素等，其中，以亚硒酸钠的利用率最高，硒含量也最高且价格低，所以，常用它作为硒元素的补充剂。

（九）碘源

碘化钾、碘化钠、碘酸钾、碘酸钙等，碘化钾、碘酸钙的利用率均优良，但碘化钾稳定性差，而碘酸钙稳定性高，为使用最多的碘源。

（十）钴源

补充钴的化合物有氯化钴、碳酸钴、硫酸钴、醋酸钴等。其中，硫酸钴与氯化钴的生物利用率相等。因此，常用的是硫酸钴与氯化钴。

（十一）其他几种矿物质饲料

除上述矿物质饲料外，还有沸石、麦饭石、膨润土、海泡石、滑石、方解石等广泛应用于畜牧业。这些矿物质除供给畜禽生长发育所必需的部分微量元素外，还具有独特的物理微观结构和由此而具有的某些理化性质，独特的选择吸附能力和大的吸附容积，可以吸收肠道中过量的氨以及甲烷、乙烷、大肠杆菌和沙门氏杆菌的毒素等有毒物质，抑制某些病原菌的繁殖。在满足畜禽对微量元素需要的同时，促进钙的吸收，从而增进畜禽的健康，提高生产性能。

四、饲料添加剂

饲料添加剂是为了某些特殊需要在饲料加工、制作、使用过程中添加的少量或者微量物质，包括营养性饲料添加剂、药物饲料添加剂和一般饲料添加剂。

（一）营养性饲料添加剂

营养性添加剂，是指用于补充饲料营养成分的少量或者微量物质，主要有氨基酸添加剂、维生素添加剂、微量元素添加剂等。这类添加剂的用途是补充基础日粮营养成分不足，以使日粮达到营养成分平衡，即全价性。

（二）药物饲料添加剂

药物饲料添加剂，是指预防、治疗动物疾病而掺入载体或者稀释剂的兽药的预混物，主要有抗生素添加剂、激素类添加剂、驱虫剂、抗菌促长剂、中草药添加剂等。国内禁止使用激素类、镇静剂类等用作饲料添加剂，绝不允许使用以提高肉猪瘦肉率为目的的 β - 兴奋剂类。药物饲料添加剂的功效主要在于增强机体免疫力、促进生长、提高经济效益。欧盟对抗生素的使用有严格的规定，我国也禁止滥用，须严格按《饲料和饲料添加剂管理条例》执行。

（三）一般饲料添加剂

一般饲料添加剂，是指为保证或者改善饲料品质、提高饲料利用率而掺入饲料中的少量或者微量物质，主要有抗氧化剂、脂肪抑制剂、防霉剂、调味剂等。选择添加剂一定根据动物的生理特点及生长需要进行选择，有些厂家过分夸大添加剂的效果，因此，用户一定本着科学严谨的态度进行选择，先小规模的进行试验比较，效果好后再进行全场推广使用。同时，选择太多种类的添加剂或者过量使用都会造成养殖成本增加。

1. 抗氧化剂

抗氧化剂主要用于脂肪含量高的饲料，以防止脂肪氧化酸败变质。也常用于含维生素的预混料中，它可防止维生素的氧化失效。乙氧基喹啉（EMQ）是目前应用最广泛的一种抗氧化剂，为黏滞的橘黄色液体，不溶于水，溶于植物油。由于其液体形式难以与饲料混合，常制成25%的添加剂，国外大量用于鱼粉。其他常用的还有二丁基羟基甲苯（BHT）和丁基羟基茴香醚（BHA）。BHT 常用于油脂的抗氧化，适于长期保存且不饱和脂肪含量较高的饲料。

2. 防霉剂

防霉剂的种类较多，包括丙酸盐及丙酸、山梨酸及山梨酸钾、甲酸、富马酸及富马酸二甲酯等。主要使用的是苯甲酸及其盐、山梨酸、丙酸与丙酸钙。丙酸及其盐是公认的经济而有效的防霉剂，常用的有丙酸钠和丙酸钙。饲料中丙酸钠的添加量为0.1%，丙酸钙为0.2%。防霉剂发展的趋势是由单一型转向复合型，如复合型丙酸盐的防霉效果优于单一型丙酸钙。

3. 酸化剂

酸化剂是一类广泛使用的饲料添加剂。常用的有机酸添加剂包括乳酸、富马酸、丙酸、柠檬酸、甲酸、山梨酸等。酸化剂的主要功能是补充雏鸭胃酸分泌的不足，降低胃肠道 pH 值，促进无活性的胃蛋白酶原转化为有活性的胃蛋白酶；减缓饲料通过胃的速度，提高蛋白质在胃中的消化，有助于营养物质的消化吸收；杀灭肠道内有害微生物或抑制有害微生物的生长与繁殖，改善肠道内微生物菌群，减少疾病的发生；改善饲料适口性，刺激动物唾液分泌，增进食欲，提高采食量，促进增重。目前，商品酸化剂有纯酸化学品，如延胡索酸和柠檬酸、以磷酸为基础的产品、以乳酸为基础的产品等几种。

一般有机酸与复合酸化剂效果相当，但有机酸添加量为复合酸化剂的 3 ~ 5 倍。两者均优于无机酸，如盐酸。目前，多以复合产品为主，其一般由 2 种或 2 种以上的有机酸复合而成，主要是增强酸化效果，其添加量在 0.1% ~ 0.5%。

4. 酶制剂

酶是一类具有生物催化性的蛋白质，属于生长促进剂，作为外源性酶，在肉鸭日粮中添加可以补充雏鸭内源性消化酶分泌的不足，提高饲料的消化利用率。饲用酶制剂按其特性及作用主要分为两大类：一类是外源性消化酶，包括蛋白酶、脂肪酶和淀粉酶等，畜禽消化道能够合成与分泌这类酶，但因种种原因需要补充和强化；另一类是外源性降解酶，包括纤维素酶、半纤维素酶、β-葡聚糖酶、木聚糖酶和植酸酶等。动物组织细胞不能合成与分泌这些酶，但饲料中又有相应的底物存在（多数为抗营养因子）。这类酶的主要功能是降解动物难以消化或完全不能消化的物质或抗营养物质，提高饲料营养物质的利用率。由于饲用酶制剂无毒害、无残留、可降解，使用酶制剂不但可提高畜禽的生产性能，充分挖掘现有饲料资源的利用率，而且还可降低肉鸭粪便中有机物、氮和磷等的排放量，缓解发展畜牧业与保护生态环境间的矛盾，开发应用前景广阔。

复合酶制剂是由两种或两种以上的酶复合而成，包括蛋白酶、脂肪酶、淀粉酶和纤维素酶等。其中，蛋白酶有碱性蛋白酶、中性蛋白酶和酸性蛋白酶3种。许多试验表明，添加复合酶能使饲料代谢能提高5%以上，蛋白质消化率提高10%左右，改善饲料转化率。

由于酶对底物选择的专一性，酶制剂的应用效果与饲料组分、动物消化生理特点等有密切关系，故使用酶制剂应根据特定的饲料和特定的肉鸭年龄阶段而定，并在加工及使用过程中尽可能避免高温。

5. 饲料风味剂

饲料风味剂主要有香料（调整饲料气味）与调味剂（调整饲料的滋味）两大类。许多试验表明，饲料风味剂不仅可改善饲料适口性，增加动物采食量，而且可促进动物消化吸收，提高饲料利用率。

畜禽生产中常用的饲用香料有人工合成品，也有天然产物（如从植物的根、茎、花、果等中提取的浓缩物）。目前，广泛使用由酯类、醚类、酮类、脂肪酸类、酚醚类、酚类、芳香族醇类、芳香族醛类及内酯类等中的1种或2种以上化合物所构成的芳香物质。如香草醛（3-甲氧基-4-羟基苯丙醛）、丁香醛（丁香子醛）和茴香醛（对甲氧基苯甲醛）等。

常用的调味剂有甜味剂（例如甘草和甘草酸二钠等天然甜味剂，糖精、糖山梨醇和甘素等人工合成品）和酸味剂（主要有柠檬酸和乳酸）。

6. 中草药制剂

中草药兼有营养和药用两种作用。营养作用主要是为肉鸭提供一定的营养素。药用功能主要是调节肉鸭机体的代谢机能，健脾健胃，增强机体的免疫力。中草药还具有抑菌杀菌功能，可促进肉鸭的生长，提高饲料的利用率。中草药的有效成分绝大多数呈有机态，如寡糖、多糖、生物碱、多酚和黄酮等，通过消化吸收再分布，病原菌和寄生虫不易对其产生耐药性，肉鸭体内无药物残留，可长时间连续使用，无需停药期。由于中草药成分复杂多样，应用中草药作添加剂须根据肉鸭的不同生长阶段特点，科学设计配方；确定、提取与浓缩有效成分，提高添加剂的效果；对有毒性或副作用的中药成分，应通过安全试验，充分证明其安全有效。

第二节　肉鸭常用饲料
原料的品质鉴别

饲料配方可以影响饲料质量的好坏，而饲料原料的好坏对饲料质量的影响更是举足轻重。当今市场上饲料原料经常掺入一些伪杂物质，给配方制定带来一定困难，而且使饲料厂和养殖户蒙受巨大的经济损失。几种常用饲料原料的品质，可以通过下列方法快速鉴别优劣。

一、鱼粉的品质鉴别

鱼粉是一种优质的蛋白质饲料，但目前市场上鱼粉的质量参差不齐，掺假现象时有发生。常见的鱼粉掺假主要有：植物性物质如稻壳粉、麦麸、草粉、米糠、木屑，还有棉籽粕和菜籽粕等；动物性物质如羽毛粉、血粉、肉骨粉等；另外还有尿素等含氮化合物以及沙石、石粉、黄泥等。感官识别鱼粉品质，主要有以下几种方法。

1. 肉眼鉴别法

优质鱼粉颜色一致（烘干的色深，自然风干的色浅）且颗粒均匀。劣质鱼粉为浅黄色、青白色或者黑褐色，细度和均匀度较差。如果鱼粉中有棕色碎屑，可能是棉籽壳的外皮；有白色及灰色或淡黄色丝条，可能是掺有羽毛粉或制革工业的下脚料粉。如果鱼粉颜色深偏黑，有焦煳味，可能是烧焦鱼粉。

2. 鼻闻鉴别法

优质鱼粉有浓郁的咸腥味，劣质鱼粉有腥臭、腐臭或哈喇味，掺假鱼粉有淡腥味、油腥味或氨味。如果掺假物数量较多，则容易识别。掺入棉粕和菜粕的鱼粉，有棉粕和菜粕的味道；掺入尿素的鱼粉略有氨味。

3. 手摸鉴别法

优质鱼粉用手抓摸感到质地松软，呈疏松状。掺假鱼粉质地粗糙，有扎手感觉。通过手捻并仔细观察，时而可发现被掺入的黄沙及羽毛粉等碎片。

鱼粉中掺有麸皮、花生壳粉、稻壳粉或沙子时，可取少许样品放入洁净的玻璃杯子中，加入 5 倍体积的水，充分搅拌后静置，观察水面漂浮物和水底沉淀物。如果水面有羽毛碎片、植物性物质（稻壳粉、花生壳粉、麦麸等）或水底有沙石等矿物质，说明鱼粉中掺入该类物质。

部分进口及国产鱼粉掺入尿素，以提高化验结果的蛋白质含量，冒充高档鱼粉。鉴别方法可用灼烧试验：将 20 克左右鱼粉放在干净的铁片上，用电炉加热至 70℃后，如散发出刺鼻的氨味则极可能掺入尿素。

二、大豆粕的品质鉴别

大豆粕是最常用的蛋白质饲料，由于其用量较大，其质量的轻微变异都可能导致严重的后果。大豆粕中常用的掺假原料是玉米、黄土、沙石、尿素等物质。大豆粕呈片状或粉状，有豆香味，但不应有腐败、霉坏或焦化等味道，也不应该有生豆腥味。豆粕由外观颜色及壳粉比例，可概略判断其品质。若壳太多，则品质差，颜色浅黄表示加热不足，暗褐色表示热处理过度，品质较差。

掺入黄土或沙石的豆粕可用漂浮法检出，先取少许豆粕面放入玻璃杯中，然后加水搅拌，待刚出现沉淀时，把混合液慢慢倒出，如果在杯底有泥沙，说明豆粕中掺入了黄土或沙石。由于加工工艺不同，黄土可以并无沉淀，而只是使水变黄、混浊，也是特征之一。

三、麸皮的品质鉴别

麸皮常发现掺有滑石粉、稻谷糠等。将手插入一堆麸皮中然后抽出，如果手指上粘有白色粉末，且不易抖落则说明掺有滑石粉。用手抓起一把麸皮使劲握，如果麸皮很易成团，则为纯正麸皮。再用手抓起一把麸皮使劲搓，而搓时手有涨的感觉，则掺有稻谷糠；如搓时有较滑的感觉，则说明掺有滑石粉。

四、骨粉的品质鉴别

掺假的骨粉常常含磷不足，易引起肉鸭瘫痪。未脱胶的骨粉易腐败变质，常引起肉鸭中毒。假骨粉常掺有石粉、贝壳粉、细沙等杂物。

纯骨粉呈灰白色粉状或颗粒状，部分颗粒呈蜂窝状，散发出固有气味；掺假骨粉仅有少许蜂窝状颗粒，或无蜂窝状颗粒，掺石粉、贝壳粉的骨粉色泽发白。

骨粉在水中浸泡不分解，有的假骨粉浸泡时间较长就变成粉状，静置后沉淀。另外，蒸过的骨粉和生骨粉的细粉漂浮于清水表面，搅拌也不下沉；而脱胶骨粉的漂浮物很少。

第三节　肉鸭的营养需要

营养需要是指每头动物每一天对能量、蛋白质、矿物质和维生素等营养素的需要量。动物在生存和生产过程中必须不断地从外界摄取养分。不同动物、不同生理状态、不同生产水平及不同环境条件对养分的需要量不同，因此需要对特定动物的营养需要量做出规定，以便指导生产。鸭为了维持自身的生存和繁衍后代的需要，必须从外界环境中摄取所需要的营养物质，而这些营养物质被消化吸收后，首先用于维持正常的体温、血液循环、机体代谢等必要的生命活动消耗，然后再用于生长、产蛋等各项生产需要。鸭的营养就是指鸭摄取、消化、吸收、利用饲料中营养物质的全过程，是一系列化学、物理及生理变化过程的总称。鸭的营养需要是指达到期望的生产性能时，每天每只鸭对脂肪、蛋白质、矿物质和维生素等各种营养物质的需要量。饲料是发展养鸭业的物质基础。在提供鸭的饲料时，既要保证数量，又要注重质量。鸭需要的营养物质主要包括水分、能量、蛋白质、维生素和矿物质。

一、水分

鸭属于水禽，善于在水中嬉戏、觅食以及求偶交配。水是鸭体内十分重要的必需营养素。鸭体内水分所占比例随年龄增长而减少，一般雏鸭体内含水量 75% ~ 80%，成年鸭体内含水量 60% ~ 70%。饲料营养物质在鸭体内的消化、吸收、运输、利用及代谢产物的排出均依赖于水；鸭体内的一切生化反应均在水中进行，水参与体内全部反应过程；鸭缺水比缺饲料危害更大，饮水不足，会导致食欲减退、饲料利用率降低、生长缓慢，严重时会引起死亡。

鸭的饮水量与气温和食盐含量有直接关系，气温越高、饲料中含盐量越高，饮水量越大。鸭的饮水量为饲料采食量的 2 ~ 2.5 倍，炎热气候增加到 3 ~ 4 倍。养鸭生产中，除提供洗浴用水外，还应提供充足、新鲜、清洁的饮水供应。

二、能量

鸭的正常生长、繁殖必须要有充分的能量供给。能量主要来源于饲料中的碳水化合物，部分来自脂肪和蛋白质。能量超过机体正常需要量时，多余的能量转化为脂肪储存于体内。

鸭对能量的需要，以富含碳水化合物的谷物饲料为主，一般占日粮的 70% 左右。日粮的能量水平是决定鸭采食量的最重要因素，日粮能量水平低时采食量增多，日粮能量水平高时采食量减少。因此，在配合日粮时，首先确定适宜的能量水平，然后在此基础上确定蛋白质和其他营养物质的需要，使日粮能量和蛋白质、氨基酸等营养物质比例恰当，这样鸭在摄取能量的同时，也能获得适量的蛋白质与其他营养物质，鸭对饲料的利用率也在一定程度上提高。

鸭对能量的需要与鸭的各个生长发育阶段和环境条件有较大的关系。肉用仔鸭需要较高的能量，以加速育肥；种鸭的育成期和产蛋期日粮能量水平不宜过高，否则会导致过肥，降低种鸭的繁殖性能。冬天气温低，可适当提高能量水平；放牧鸭耗能多，日粮能量水平宜高些；夏季气候炎热，采食量减少，应提高日粮中氨基酸、维生素等含量，以保证这些营养物质的适宜采食量。

三、蛋白质

饲料中的蛋白质含量不足是限制鸭生长的主要因素之一，所以，给鸭提供蛋白质营养是必不可少的。鸭对蛋白质的营养需要实际上是对各种氨基酸的需要。饲料蛋白质中氨基酸组成平衡性、必需氨基酸是否足量以及氨基酸的吸收利用率，都会对鸭蛋白质营养需要产生较大的影响。饲料蛋白质的生物利用率取决于其中必需氨基酸能满足鸭体合成体组织和生产需要的程度。任何一种必需氨基酸的缺乏都会影响鸭体内蛋白质的合成，但蛋白质过剩会分解合成尿酸排出体外，这样就会浪费昂贵的蛋白质饲料。所以，在饲养中要特别考虑蛋白质饲料的供给。

蛋白质饲料主要包括植物性蛋白质饲料和动物性蛋白质饲料。植物性蛋白质饲料一般包括饼粕、豆科籽实及一些加工副产品，植物蛋白质往往缺乏一种或一种以上必需氨基酸，如赖氨酸、蛋氨酸和色氨酸，此外，精氨酸、苏氨酸和异亮氨酸的含量也常常不能满足鸭的需求。动物性蛋白质饲料主要包括各种动物肉骨制成的粉末，如鱼粉和肉骨粉。生产中常常采用不同蛋白质饲料合理配比以满足不同氨基酸的均衡供给。

四、矿物质

矿物质在鸭体内含量很低，只占体重的 3%～5%，但参与鸭生命过程的每一个环节。矿物质是构成鸭体骨骼、组织和蛋的重要成分，参与调解细胞的渗透压、维持体内正常新陈代谢等。鸭体不能合成的矿物质，必须由日粮提供。一般来说，在体内含量不低于 0.01% 的化学元素称为常量元素，如钙、磷、钠、钾、镁、硅、硫、氯；体内含量低于 0.01% 的化学元素称为微量元素，包括铁、铜、锰、锌、碘、硒、钴等。鸭和其他动物一样所必需的矿物质元素有16 种，其中，常量元素 7 种，微量元素 9 种。当某种必需元素缺少或者不足时，会导致鸭体内物质代谢严重障碍，并降低生产力，甚至死亡，但某种必需元素过量也能引起机体代谢紊乱。一般来说，食盐是钠、氯的补充剂，其他矿物质元素的添加应该使用鸭用的微量元素添加剂。

五、维生素

维生素是维持鸭正常生理功能所必需的低分子有机化合物，与其他元素相比，鸭对维生素的需求量很少，但其生理作用却很大。维生素不构成鸭机体组织器官，主要以辅酶和催化剂的形式广泛参与体内的代谢反应，以维持鸭的正常生长和繁殖活动，是鸭营养代谢中不可缺少的物质。大多数维生素在鸭体内不能合成或合成量不足，必须由饲料提供。鸭需要的维生素有 13 种，缺少任何一种都会造成生长迟缓、生产力下降、抗病力差，甚至死亡。

在放牧饲养条件下，鸭除补饲配合饲料、谷物、农副产品外，在放牧过程中采食了大量的富含多种维生素的青草、青绿多汁饲料、菜叶等，往往不需要专门补充维生素。但在大棚等舍饲的规模饲养条件下，一般都需要使用专门的维生素添加剂来补充维生素的供给，以满足不同生长发育阶段对维生素的需要。

第四节　肉鸭的饲养标准

根据大量饲养试验结果和动物实际生产的总结，对各种特定动物所需要的各种营养物质的定额做出规定，这种系统的营养定额规定称为饲养标准。简单说饲养标准是动物所需养分在数量上的叙述或说明，在使用时应根据具体情况灵活应用。饲养标准是动物营养需要研究应用于动物饲养实践的权威表述，反映了动物生存和生产对饲料及营养物质的客观要求，高度概括和总结了营养研究和生产实践的最新进展，具有很强的科学性和广泛的指导性。它是动物生产计划中组织饲料供给、设计饲料配方、生产平衡饲料以及对动物实行标准化饲养的技术指南和科学依据。

肉鸭的饲养标准是根据大量试验结果和肉鸭生产的实际，对鸭所需要的各种营养物质的定额做出的规定。随着动物营养学家对鸭的营养需要的研究不断深入，饲养标准也在逐步发展和完善，所考虑的营养元素也在不断增加，鸭的阶段划分也更加细化，最终目的都是满足鸭的最佳营养需求，用最低的生产成本来创造最大的养殖效益。

目前，饲养标准有两类，一类是国家规定和颁布的饲养标准，称为国家标准；另一类是大型育种公司根据自己培育出的优良品种或品系的特点，自己制定的适合该品种或品系营养需要的饲养标准，称为专用标准。生产实践中，使用饲养标准要根据所饲养肉鸭的品种、周龄、季节、市场情况等灵活调整，不可生搬硬套。

一、我国肉鸭的饲养标准

见表4-4。

表4-4　我国肉鸭饲养标准（参考）

营养成分	0~3周龄	3周龄以上	种鸭
代谢能/（兆焦/千克）	12.131	12.552	11.385
粗蛋白/%	20.0	18.0	17.0
钙/%	1.0	1.0	2.25
磷/%	0.6	0.5	0.5
食盐/%	0.3	0.3	0.3
蛋氨酸/%	0.3	0.25	0.29
蛋+胱氨酸/%	0.6	0.53	0.55
赖氨酸/%	1.1	0.95	0.85
色氨酸/%	0.27	0.26	0.24
核黄素/（毫克/千克）	4.0	4.0	4.5
泛酸/（毫克/千克）	11.0	11.0	7.0
烟酸/（毫克/千克）	55.0	55.0	40.0
吡哆醇/（毫克/千克）	2.6	2.6	3.0

二、樱桃谷肉用仔鸭饲养标准

见表 4 - 5。

表 4 - 5　樱桃谷肉鸭各阶段的营养标准（参考）

营 养 成 分	日			龄
	0 ~ 9	10 ~ 16	17 ~ 42	43 ~ 47
代谢能/（兆焦/千克）	11. 715	12. 130	12. 130	11. 30
蛋白质/%	22	20	18. 5	17
总赖氨酸/%	1. 35	1. 17	1	0. 88
可利用赖氨酸/%	1. 15	1	0. 85	0. 75
可利用磷，最低/%	0. 5	0. 5	0. 35	0. 32
钠，最低/%	0. 2	0. 18	0. 18	0. 18
钾，最低/%	0. 6	0. 6	0. 6	0. 6
氯化物，最低/%	0. 2	0. 18	0. 17	0. 16
胆碱/（克/吨）	1 500	1 500	1 500	1 500

三、狄高肉用仔鸭饲养标准

见表 4 - 6。

表 4 - 6　狄高肉用仔鸭饲养标准

营养成分	0 ~ 2 周龄	3 周龄以上
代谢能/（兆焦/千克）	12. 33	12. 33
粗蛋白质/%	21 ~ 22	16. 5 ~ 17. 5
赖氨酸/%	1. 10	0. 83
蛋氨酸/%	0. 40	0. 30
蛋 + 胱氨酸/%	0. 70	0. 53
色氨酸/%	0. 24	0. 18
精氨酸/%	1. 21	0. 91
苏氨酸/%	0. 70	0. 53

（续表）

营养成分	0 ~ 2 周龄	3 周龄以上
亮氨酸/%	1.40	1.05
异亮氨酸/%	0.70	0.53
钙/%	0.8 ~ 1.0	0.70 ~ 0.90
可利用磷/%	0.40 ~ 0.60	0.40 ~ 0.60
盐/%	0.35	0.35

四、北京鸭营养需要

见表 4 - 7。

表 4 - 7　北京鸭营养需要

营养物质	0 ~ 2 周龄	2 ~ 7 周龄	种鸭
代谢能/（兆焦/千克）	12.13	12.55	12.13
粗蛋白质/%	22	16	15
精氨酸/%	1.1	1.0	0.9
异亮氨酸/%	0.63	0.46	0.38
亮氨酸/%	1.26	0.91	0.76
赖氨酸/%	0.90	0.65	0.60
蛋氨酸/%	0.40	0.30	0.27
蛋 + 胱氨酸/%	0.70	0.55	0.50
色氨酸/%	0.23	0.17	0.14
缬氨酸/%	0.78	0.56	0.47
钙/%	0.65	0.60	2.75
氯/%	0.12	0.12	0.12
镁/（毫克/千克）	500	500	500
非植酸磷/%	0.40	0.30	-
钠/%	0.15	0.15	0.15

第五节　肉鸭饲料的
配制与使用

一、肉鸭饲料配制的一般原则

1. 要因地制宜选配饲料

尽量利用当地饲料资源，既要考虑营养价值，也要注意价格低廉，以降低成本。

2. 日粮配合要符合标准

配合的日粮要与饲养标准接近，以免引起营养缺乏或过多，造成某些营养缺乏症的发生或经济损失。所有家禽都是"依能而食"，饲料的能量水平高时，采食量就少；饲料的能量水平低时，采食量就多。所以，鸭饲料中的蛋白质与能量比例要平衡，否则会使饲料消耗增加。

3. 注意日粮的品质和适口性

忌用霉变或含有有害物质的原料配制日粮。每次配制饲料量不宜过多，以 7 ~ 10 天内吃完为宜，保持饲料新鲜。

4. 充分拌匀

各种饲料必须充分拌匀，特别是多种维生素、微量元素和药物等各种添加剂更要注意拌匀，否则会引起不良后果。

5. 日粮应有相对的稳定性

必须改变日粮时，最好有 1 周的过渡期。特别在种鸭的产蛋高峰期更应注意。

6. 日粮中粗纤维含量不能过高

日粮中粗纤维含量一般不超过 5%，最好在 3% 左右。

7. 原料种类要多，比例恰当

配合日粮的饲料原料种类要尽可能多一些，以便在营养上互相配合，取长补短。也要考虑各类原料在日粮中的比例要合适，大致比例可参考表 4 - 8。

表4-8　配合肉鸭日粮时各类饲料原料的大致比例

饲料种类	百分比/%
谷物饲料（2~3种以上）	45~70
糠麸类	5~15
植物性蛋白质饲料	15~25
动物性蛋白质饲料	3~7
矿物质饲料	3~5
干草类	2~5
添加剂	0.5~1.0
青饲料（2种以上，按精料总量）	30~35

二、配制肉鸭饲料注意事项

肉鸭预混料中含有鸭生长发育所必需的维生素、微量元素、氨基酸等营养成分及药物等功能性添加剂，规格大多为1%~5%，养殖户只需按照推荐配方，选用优质原料，经过粉碎、混合，即成为全价配合饲料。只要将其合理使用，自配料就可保证饲料质量，同时降低生产成本，取得良好的效果。

（一）营养标准的选择

规模肉鸭养殖在使用预混料时，可以根据标签的推荐配方进行配制饲料，但这样配制的饲料配方成本一般较高，因此，可以让预混料厂家技术人员根据鸭场情况和本地农副产品设计符合本场的饲料配方。如果鸭场自己有专业配方人员，可以自己制作配方，制作饲料配方的第一步就是选择肉鸭的营养标准。根据所养殖品种选择相应的营养标准。目前，在养鸭生产实际中常采用的营养标准有美国的 NRC 标准、法国的 ARC 标准及中国地方品种鸭标准等。

（二）配料过程控制

1. 严把原料质量关

禁止使用发霉变质原料；不要使用水分超标的玉米；严禁使用

过期浓缩料或预混料。

2. 原料称量要准确

采用人工称量配料，称量是配料的关键，是执行配方的首要环节。称量的准确与否，对饲料产品的质量起至关重要的作用。要求操作人员一定要有很强的责任心和质量意识，否则人为误差很可能造成严重的质量问题。在称量过程中，首先要求磅秤合格有效。要求每周由技术管理人员对磅秤进行一次校准和保养，每年至少一次由标准计量部门进行检验；每次称量必须把磅秤周围打扫干净，称量后将散落在磅秤上的物料全部倒入下料坑中，以保证原料数据准确；切忌用估计值来作为投料数量。

每种物料因为添加比例不同，其称量精确度要求也不一样，大致要求称量误差在4%以内。

3. 原料粉碎粒度要合适

粉碎机是饲料加工过程中减小原料粒度的加工设备。应定期检查粉碎机锤片是否磨损，筛网有无漏洞、漏缝、错位等。粉碎机对产品质量的影响非常明显，它直接影响饲料的最终质地和外观的形状。操作人员应经常注意观察粉碎机的粉碎能力和粉碎机排出的物料粒度。

该项技术的关键是将各种饲料原料粉碎至最适合动物利用的粒度，使配合饲料产品能获得最大饲养效率和效益。要达到此目的，必须深入研究掌握不同动物及动物的不同阶段对不同饲料原料的最佳利用粒度。大料粉碎粒度要合乎要求，例如，中大鸭玉米粉碎时一般选择2.5~3.0毫米孔径的筛片。

4. 原料添加顺序要合理

首先加入量大的原料，量越小的原料应在后面添加，如维生素、矿物质和药物添加剂，这些原料在总的配料过程中用量很小，所以，不能把它们直接添加到空的搅拌机内。如果在空的搅拌机内先添加这些微量成分，它们就可能落到缝隙或搅拌机的死角处，不能与其他原料充分混合。这不仅造成了经济价值较高的微量成分损失，而且使饲料的营养成分不能达到配方的水平，还会对下一批饲料造成污染。所以，量大的原料应首先加入到搅拌机中，在混合一段时间后再加入微量成分。有的饲料中需要加入油脂等液体原料，在液体原料添加前，所有的干原料一定要混合均匀。然后再加入液体原料，再次进行混合搅拌。含有液体原料的饲料需要延长搅拌时间，目的是保证液体原料在饲料中均匀分布，并将可能形成的饲料团都搅碎。有时在饲料中需加入潮湿原料，应在最后添加，这是因为加入潮湿原料可能使饲料结块，使混合更不易均匀，从而增加搅拌时间。

5. 混合时间要合适

混合均匀度指搅拌机搅拌饲料能达到的均匀程度，一般用变异系数来表示。饲料的变异系数越小，说明饲料搅拌越均匀；反之，越不均匀。生产成品饲料时，变异系数不大于10%。搅拌时间应以搅拌均匀为限。确定最佳搅拌时间是十分必要的。搅拌时间不够，饲料搅拌不均匀，影响饲料质量；搅拌时间过长，不仅浪费时间和能源，对搅拌均匀度也无益处。卧式搅拌机的搅拌时间为3~7分钟。

6. 防止交叉污染

饲料发生交叉污染的场所主要有：储存过程中的撒漏混杂；运输设备中残留导致不同产品之间的交叉污染；料仓、缓冲斗中的残留导致的交叉污染；加工设备中的残留导致的交叉污染；由有害微生物、昆虫导致的交叉污染等。因此需要采用无残留的运输设备、料仓、加工设备和正确的清理、排序、冲洗等技术和独立的生产线等来满足日益高涨的饲料安全卫生要求。

7. 成品包装要准确，安全存放

成品包装准确，首先要所用包装袋的包装型号要与饲料相匹配，不要出现错装或混装。其次包装重量要准确，这样方便饲养员的取用，利于饲养员饲喂量的控制。

饲料原料和配好的饲料要存放于通风、避光、干燥的地方，以免饲料中的脂肪氧化，维生素 A、维生素 E 遭到破坏。在饲料与地面之间置放一层防潮材料，以防饲料板结、霉变。霉变饲料易引起鸭中毒、下痢等。另外，饲料库要注意防虫害和鼠害等。

三、推荐肉鸭饲料配方

几个可以借鉴的肉鸭饲料配方，见表 4 - 9。

表 4 - 9　肉鸭参考饲料配方　　　　　　　　　　（％）

原料名称	肉小鸭	肉中鸭	肉大鸭
玉米	58.3	62.2	67
去皮豆粕	24	16	11
花生粕	5	6	7
小麦次粉	4	4	3
棉籽粕	3	5	4.4
磷酸氢钙	1.7	1.6	1.3
石粉	1.2	1.2	1.2
猪油	1	2.3	3.4
赖氨酸	0.5	0.4	0.4
预混料（微量元素和维生素 0.5％）	0.5	0.5	0.5
蛋氨酸	0.3	0.2	0.2
食盐	0.3	0.4	0.4
硫酸钠	0.2	0.2	0.2

四、肉鸭饲料的选择

一般规模化的肉鸭场都选择专用型的肉鸭饲料，使肉鸭在规定的时间内出栏，并达到标准体重。现在更多的鸭农还没有清楚地认识到这一点，认为投入高，不划算。实际上只要你细算账，看看你的投入和产出比就会更清楚了。饲料成本占肉鸭养殖生产总成本的65％～70％，是必须慎重考虑的事情。

（一）选择优质的原料

如果鸭农自己调制肉鸭全价饲料，就要根据当地实际情况选购饲料原料，千万不能购买发霉变质的原料，购买的原料中的杂质、水分必须在规定范围之内。

不要使用霉变的原料，尤其是南方地区，夏季潮湿利于霉菌的生长和繁殖。霉菌在很多时候是肉眼看不到的，但不要认为看不到就没有，霉菌对鸭的生长影响很大，甚至出现大批死亡，尤其是近两年，问题越来越突出。要彻底解决南方地区原料的霉变问题可能是比较困难，现在有一些防霉剂可以在每年的4~9月份使用，可能会解决一些问题。

鸭农在自己配制全价料时，要购买蛋白和能量类的原料，不同地区生产出的原料或相同地区不同批次的原料质量都有差别。同样是蛋白原料如豆粕，可能这次蛋白含量高达到44%左右，使用起来效果就好，下次同样是豆粕可能蛋白含量只有42%，如果还是按照上次的量使用豆粕，则效果肯定会下降。所以，鸭农要有从外表辨别原料质量好坏的能力，最好是每批买进的原料都要进行主要营养成分的化验，以降低经济损失。

（二）使用营养全面的饲料

不论是购买全价饲料还是用预混料配制全价料，都必须要保证营养成分的全面，满足肉鸭生长发育的需要，这是肉鸭生产的关键所在。

有条件的鸭场或鸭农，可以选择优质的肉鸭预混料，这样可以有效地降低饲料成本并能保证饲料的营养全面，预混料中含有均衡的维生素和微量元素，并且针对不同阶段的鸭群有相应的预混料，自己可以根据情况进行选择，还可以根据不同品种对营养的要求，自己购买大豆粕、玉米、棉粕、菜粕、糠麸、草粉等原料，自行调配成不同品种、不同生长阶段的肉鸭所要求的全价饲料，还可以利用当地的特殊原料灵活调配饲料，针对性更强，还有效地节约了成本。但鸭农一般很难判别哪个饲料营养全面，哪个饲料营养指标不合格，所以在购买饲料时要注意查看饲料产品标签，看看营养成分的标示量、合格证号、标准文号、生产地址、电话等是否齐全。

（三）要选购优质全价饲料

在肉鸭生产集中的区域，鸭农大都选用名牌厂家的全价颗粒饲料。但也有部分鸭农贪图便宜，到一些小型饲料加工厂或代销处购买无商标、无批准文号、无检验合格证的饲料。由于饲料质量无保证，进而影响了肉鸭的生长发育和养鸭的经济效益。为此，笔者建议鸭农一定要买正规饲料厂生产的饲料。

（四）要选购优质预混料

有的鸭农为降低饲料成本，自己购买大豆粕、玉米、糠麸等主料。然后再买预混料，自行调制鸭用全价料，这种做法是可以的。但需要提醒鸭农注意的是：预混料的营养成分、结构很复杂，没有一定专业技术力量的小型饲料生产单位是很难研发出高标准、高质量的饲料配方的。因此，使用这样的预混料调制出来的饲料就很难做到营养"全价"，必然影响肉鸭的生长发育和养鸭户的经济效益。所以，鸭农自己购买预混料一定要选好厂家，选好品牌，注重质量。

（五）要保证饲料营养全面

不管是购买饲料还是自己调制饲料一定要保证营养成分全面，符合肉鸭生长发育需要，这是搞好规模化肉鸭生产、提高经济效益的关键所在。由于肉鸭饲料中营养成分指标多达几十项，因此，鸭农很难凭感观判定饲料中营养成分是否全面。鸭农购买饲料时，一定要注意是否有饲料产品标签，看清上面标出的营养标准是否达到国家规定的标准。

在此基础上，如果鸭农想进一步准确了解饲料中营养成分是否达到肉鸭需要量，可请专业部门对其进行检验。

（六）要注意饲料饲用方法

要根据肉鸭的不同日龄和生长发育需要使用不同营养标准的饲料。育雏期间要使用雏鸭料，生长期要根据实际情况使用中鸭料或成鸭料。另外，还要注意投喂饲料的方法，有的鸭农图省事，一次向喂料容器中加入过多的饲料，一天甚至几天鸭群都不能将饲料吃完。正确的方法应该是根据鸭群采食情况少喂勤添，最好是定时定量添加饲料。这样既能保持肉鸭的良好食欲，又可节约饲料，便于对鸭群的管理。定时定量给鸭群投喂饲料的基本要求是育雏阶段每3~4 小时投料 1 次，随着肉鸭日龄的增加逐步延长投料间隔时间，适当增加每次投料量。肉鸭达到25~30 日龄，每6~8 小时投喂 1 次料即可。投料时间最好安排在白天，以利于鸭群夜间休息，减少体能消耗，促进生长发育。

第五章 标准化规模肉鸭场的规范管理

第一节 商品肉鸭的生产特点

一、生长迅速，饲料报酬高

肉鸭的早期生长速度是所有家禽中最快的一种。大多数白羽肉鸭4周龄体重能够达到1.8~2.0千克，7周龄体重可达3.2~3.5千克。超过7周龄之后肉鸭的增重速度逐渐下降、每千克增重所需要消耗的饲料量增加。一般饲养到7周龄上市，全程料肉比（2.4~2.6）∶1。因此，肉鸭的生产要尽量利用早期生长速度快、饲料报酬高的特点，在最佳屠宰日龄出售。

二、体重大，出肉多，产品质量好

大型肉鸭的上市体重一般在3千克以上，胸肌比较发达，出肉率高。据测，7周龄上市的大型肉鸭的胸腿肉可达600克以上，占全净膛屠体重的25%以上，胸肌可达350克以上。这种肉鸭肌间脂肪含量多，所以特别细嫩可口。在世界卫生组织连续4年的健康食品推荐中，鸭肉一直位居肉类食品的第二名，说明鸭肉的质量不仅得到消费者的青睐，也得到来自世界各地专家的认可。

鸭的体躯、腹部、背部的绒毛，经过加工处理及消毒灭菌，可制成质轻松软、弹性好、保温防寒能力强的羽绒服装，其经济效益颇高。鸭羽绒的比重小、保暖效果好，是制作羽绒服、羽绒被等防寒保暖用品的主要原料。1只肉鸭屠宰后可以得到含绒30%的羽毛150~200克。翅膀上的大毛可以制作羽毛画、羽毛球等。

此外，鸭的肝脏中可以聚存大量的脂肪，其中，不饱和脂肪酸的含量远比鸭、家畜的含量高，且口感好；鸭脖、鸭翅、鸭掌、鸭肠、鸭胗等都是上等的美味佳肴；鸭血性寒，味咸，有补血、解毒功效。

三、生产周期短，可大批量生产

由于肉鸭早期生长特别快，饲养周期6~7周，有的4周龄就可出栏。因此，肉鸭的生产周期短、资金周转快，对集约化经营十分有利。肉鸭的性情温顺、相互间很少争斗、饲养密度大，可以进行大批量生产。当前的肉鸭养殖场，1个鸭舍1个批次可以饲养5 000只以上，多的可达数万只。由于规模化肉鸭多实行舍饲饲养，无季节性限制，为常年生产提供了良好的基础。

四、鸭产品需求量大，附加值高，前景好

国内外市场对鸭产品需求量很大，质量要求也日趋严格。对各种传统的鸭产品，如卤鸭、烤鸭、油淋鸭、盐水鸭、香酥鸭、板鸭、琵琶鸭等均有较大需求。如今的活鸭、冻全鸭、冻分割鸭、鸭肥肝、鸭绒等均是出口创汇的畅销产品。此外，鸭脖、鸭翅、鸭掌、鸭肠、鸭绒等附加值较高的副产品也有很广阔的市场。

五、适应性强，抗病力强

肉鸭有很强的环境适应能力，各地都可饲养。引种后，在一个新的环境仍然可保持比较良好的生产性能。如英国的樱桃谷肉鸭、法国的克里莫鸭，引进我国后，大部分地区都表现出了遗传性能稳定、产肉量高的优点。

肉鸭的疾病比较少，临床上常见的不到10种，饲养比较省心。

六、采用全进全出制

为了便于饲养管理和卫生防疫，专业化肉鸭养殖场的肉鸭生产全部采用全进全出的生产流程，即全场在同一时间内只饲养同一批

次（日龄、类型、来源都相同）的肉鸭，到出栏日龄时统一出栏，之后对全场进行彻底清理、消毒、设备维修和3周左右的空舍闲置期，然后再进行下一批肉鸭的养殖。

七、建立产销结合联合体

肉鸭的饲养周期短，7周龄之前必须出栏，如果饲养的时间延长，则生产成本提高、风险加大。为此，必须建立屠宰、冷藏、加工和销售网络，以保证肉鸭在合适的时间及时出栏。

第二节　做好进雏前的准备工作

一、育雏方式的选择和育雏舍的准备

肉用型雏鸭的培育方式主要有地面育雏和网上育雏及塑料大棚育雏3种。

（一）地面育雏

这是使用得最久、最普遍的一种方式，雏鸭直接放在育雏舍的地面上，地面上铺垫清洁干燥的稻草（需切短）或木屑，雏龄越小垫草越厚（初生雏第一次垫料厚6~8厘米），使雏鸭熟睡时不受凉，且有保温作用，但在饮水和采食区不垫料。这种育雏方式，设备简单，投资省，积肥好，不论条件好坏，均可采用。

（二）网上育雏

网上育雏的最大特点是环境卫生条件好，雏鸭不与粪便接触，感染疾病的机会少；其次是不用垫料，节约劳力；其三是，温度比地面稍高，容易满足雏鸭对温度的要求，可节约燃料，而且成活率较高。缺点是一次性投资比较大。

（三）塑料大棚育雏

它是结合应用塑料大棚饲养肉鸭而采取的育雏方式，其具体方法是在大棚内用塑料薄膜帘子隔出一部分空间用来育雏，优点是容易保温，不需设专门的育雏室，投资少，成本低，易于管理，成活率高。

除上述 3 种方式外，还有将地面育雏与网上育雏结合起来，称为混合式育雏。其做法是将育雏舍地面分为两部分：一部分是高出地面或将地面挖深的网床；另一部分是铺垫料的地面。这两部分之间由水泥坡面连接。饮水器放在网上，可使鸭舍内垫料保持干燥。

二、鸭舍的清洗、检修

育雏前，要对鸭舍周围、鸭舍内部及设备进行彻底清洗和消毒。打扫鸭舍周围环境，做到鸭舍周围无鸭粪、羽毛、垃圾，粪便应送到离鸭舍 500 米外的地方堆积发酵作肥料。

清洗前，先关闭鸭舍的总电源。将饲喂和饮水设备搬到舍外或提升起来，之后将上批肉鸭生产过程中产生的粪便、垫料清理干净，用扫帚将网床、墙壁、地面上的粪便、垃圾彻底清扫出去；然后用高压水枪对鸭舍的屋顶、墙壁、地面、网床、风扇等进行冲洗，彻底冲刷掉附着在上面的灰尘和杂物，最后清扫、冲洗鸭舍地面。清洗后，全部打开鸭舍的门窗，充分通风换气，排出湿气。

如果是旧育雏舍，清洗结束后，要检查鸭舍的墙壁、地面、排水沟、门窗以及供电、供水、供料、加热、通风、照明等设备设施是否完好，是否能继续正常工作；检查鸭舍墙壁有无缝隙、墙洞、鼠洞；如果是用烧煤的炉子保温，还要检查炉子是否好烧，鸭舍各处受热是否均匀，有无漏烟、倒烟现象。如有问题，及时检修。

三、消毒

消毒的目的是杀死病原微生物。具体方法及注意事项如下。

（一）火焰消毒法

用火焰喷灯消毒地面、金属网、墙壁等处。注意不要与可燃或受热易变形的设备接触，要求均匀并有一定的停留时间。

（二）药液浸泡或喷雾消毒

用百毒杀等消毒药按产品说明书规定浓度对所需的用具、设备，包括饲喂器具、饮水用具、塑料网、竹帘等，进行浸泡或喷雾消毒，然后用2%～3%的烧碱溶液喷洒消毒地面。如果采用地面平养育雏，则在地面干燥后，再铺设5～10厘米厚的垫料。如果采用笼育或网上平养育雏，则应先检修好，然后进行喷雾消毒。消毒时要注意药物的浓度与剂量，药物不要与人的皮肤接触，注意安全。

（三）熏蒸消毒

根据鸭场所处的地理环境条件及当地疫病流行情况，选用合适的消毒级别。一级消毒，每立方米空间用甲醛14毫升、高锰酸钾7克、开水14毫升；二级消毒，每立方米空间用甲醛28毫升、高锰酸钾14克、开水28毫升；三级消毒，每立方米空间用甲醛42毫升、高锰酸钾21克、开水42毫升。注意在熏蒸之前，先把窗口、通气口堵严，舍内升温至25℃以上，湿度70%以上。

消毒房舍需封闭24小时以上，如果不急于进雏，则可以待进雏前3～4天打开门窗通气。熏蒸消毒最好在进雏前7～10天进行。

为了进出鸭舍消毒方便，应在鸭舍门口设立消毒池，消毒液一般2天换1次，以使其保持有效杀菌浓度。

四、垫料、网床的准备与铺设

采用地面平养时要备好干燥、无霉变、柔软、吸水性强的垫料，并经太阳暴晒后才能使用。雏鸭进舍前3天，先在鸭舍地面上铺一层薄薄的干燥、干净沙土或生石灰粉，进雏前1天在上面铺一层厚度约7厘米的垫料。第一次铺设的垫料只铺第一周鸭群活动的范围，其余地方先不铺。第二周扩群、减小密度的时候，提前一天把扩展的范围内地面上铺上垫料，同时在第一次铺的垫料上面再撒一些垫料以保持其干净、柔软。以后，鸭群每扩群一次，就这样把垫料提前铺好。

如果采用网上平养方式，要在菱形孔塑料网铺设好以后进行细致检查，重点检查床面的牢固性，塑料网有无漏洞、连接处是否平整，靠墙和走道处的围网是否牢固，饲喂和饮水设备是否稳当等。将床面用塑料网或三合板隔成小区，每个小区的面积约 10 米²。

饲养用具中，食槽或料桶、饮水器或饮水槽、照明设施、温度计、湿度表、水桶、水舀子、注射器、围栏等要准备充足。

五、人员的安排

肉鸭养殖是一项耐心细致、复杂而辛苦的工作，养殖开始前要慎重选好饲养人员。饲养人员要具备一定的养鸭知识和操作技能，热爱养殖事业，有认真负责的工作态度。

设施设备比较先进的规模化养鸭场，一般每人可饲养 1 万 ~ 2 万只；设施设备比较简陋的大棚养鸭，每人可饲养 0.2 万 ~ 0.3 万只。根据饲养规模的大小，确定好人员数量。在上岗前对饲养管理人员要进行必要的技术培训，明确责任，确定奖罚指标，调动生产积极性。

六、饲料及常用药品的准备

要按照肉鸭的日龄和体重增长情况，准备足够的自配粉料和成品颗粒饲料，保证雏鸭一进入育雏舍就能吃到营养全面的饲料，而且要保证整个育雏期的饲料供应充足、质量稳定。如北京鸭从出壳到 21 日龄，每只鸭共需耗料 1.7 ~ 2.0 千克（表 5 - 1）。

表 5 - 1　北京鸭 1 ~ 21 日龄每日耗料量

日龄	粉料给料量/（克/只）	颗粒料给料量/（克/只）
1	4	5

（续表）

日龄	粉料给料量/（克/只）	颗粒料给料量/（克/只）
2	11	12
3	14	18
4	22	26
5	31	35
6	38	45
7	49	55
8	56	64
9	69	81
10	80	88
11	93	95
12	106	108
13	116	117
14	125	127
15	137	133
16	151	163
17	157	178
18	169	180
19	177	189
20	180	198
21	187	199
合计	1 972	2 116

注：引自杨学梅《北京鸭选育与养殖技术》，金盾出版社

要为雏鸭准备一些必要的药品，如土霉素、高锰酸钾等。

七、试温与预温

无论采用哪种方式育雏和供温，进雏前 2～4 天（根据育雏季节和加热方式而定）对舍内保温设备进行检修和调试。采用地下

火道或地上火笼加热方式的，在冬季和早春要提前 2～3 天预温；其他加热方式一般提前 1～2 天进行预温。在雏鸭转入育雏舍前 1 天，要保证舍内温度达到育雏所需要的温度（在距离床面 10 厘米高处 33℃），并注意加热设备的调试，以保持温度的稳定。试温的主要目的在于提高舍内空气温度，加热地面、墙壁和设备，同时要保持鸭舍内的相对湿度在 70% 左右。试温期间要在舍温升起来后打开门窗通风排湿，舍内湿度高会影响雏鸭的健康和生长发育，因此新建的鸭舍或经过冲洗的鸭舍，雏鸭进舍前必须采取措施调整舍内湿度。

八、准备好常用的记录本和表格

准备好必要的记录本和表格，以记录每天的饲料消耗量、死亡鸭数量、用药情况、使用疫苗情况。

第三节　鸭苗的挑选与运输

一、鸭苗的订购

"公司＋基地（合作养殖场户）"养殖模式下，养殖场户可以直接从公司获得合格的鸭苗。对社会散养的肉鸭，就要特别注意鸭苗的订购环节。

雏鸭品质的好坏直接关系到鸭日后的育成率和生产性能，因此，在购买时必须逐只加以选择。不同孵化场提供的雏鸭质量有较大差异，即使同一个孵化场提供的雏鸭，批次不同，也存在着一定差异，如果不加以选择就会直接影响养殖效益。

（一）对供雏者的选择

肉鸭生产需要有规范的良种繁育体系和严格的制种要求。饲养商品肉鸭，必须到父母代肉种鸭场购买鸭苗。供种的种鸭场要有县级以上畜牧行政部门颁发的《种畜禽生产经营许可证》和《畜禽场卫生防疫合格证》。规模小的种鸭场或养鸭户，很少做选育工作，所提供的鸭苗在很大程度上存在着质量问题。因此，选择供雏者最好到饲养管理及孵化规模大、选育工作开展好、管理规范、市场信誉好的种鸭场进苗。

（二）对孵化情况的选择

订购鸭苗要到孵化设施齐全、技术水平高、孵化日常管理和卫生管理较好的孵化场，以减少雏鸭在孵化期间的感染。有的小孵化场设备落后，孵化条件控制不严，种蛋来源不清，卫生防疫管理不严，容易孵出质量不稳定甚至体弱的鸭苗，影响养殖效果。

（三）对雏鸭个体的选择

要选择出雏日期正常且一致的雏鸭，提早或延缓出壳者均不宜选择。要根据外貌来选择健壮的雏鸭，即选择绒毛颜色纯正一致、清洁而有光泽，大小均匀一致，品种纯正；卵黄吸收良好，脐部愈合良好，没有大肚子；抓在手里挣扎有力，眼大有神，叫声洪亮；体重大、头大、脚粗实、腹部大小适中而较软、脐部吸收良好、叫声响亮、举止活泼的雏鸭，坚决剔除瞎眼、歪头、跛腿、大肚皮、血脐等残疾的雏鸭。对挑选好的雏鸭，准确清点数量。育雏前 5～7 天内，下狠心淘汰残弱雏和生长不良的僵雏。

二、雏鸭的运输

雏鸭的运输是一项技术性强的细致工作，要求迅速、及时、安全、舒适到达目的地。运输应在雏鸭羽毛干燥后开始，至出壳后 36 小时结束。如果远距离运输，也不能超过 48 小时，以减少中途死亡。

运雏时最好选用专门的运雏箱（如硬纸箱、塑料箱、木箱等）（图 5-1）。规格一般为 60 厘米×45 厘米×20 厘米，内分 2 个或 4 个格，箱壁四周适当设通气孔，箱底要平而且柔软，箱体不得变形。在运雏前要注意雏箱的清洗消毒，根据季节不同每箱可装 80～100

只雏鸭。运输工具可选用车、船、飞机等。

雏箱与车厢之间要留有空隙（图 5 - 2）并由木架隔开，以免雏箱滑动。装卸雏箱时要小心平稳，避免倾斜。运雏车和雏箱事前要经过消毒（图 5 - 3），特别是运雏车要做好检修，防止中途停歇。当初生雏鸭胎毛干后即可起运，如天冷雏箱可加盖棉絮或被单。如天热则应在早晨或晚上凉爽时运输，并携带雨布。无论任何季节，运输途中都要经常检查雏鸭的动态，如发现过热致使其绒毛发潮（俗称"出汗"，实践证明这种雏鸭较难饲养）、过冷致使其挤堆或通风不良等现象应及时采取措施。

恶劣天气情况下的远途运输会对雏鸭造成很大的应激，有时可以采用传统的嘌蛋方法代替初生雏鸭的运输，即将孵化 20 天以后的鸭蛋经照检剔除其中的死蛋后，装在铺厚稻草的竹篮里，每篮装 200~300 枚。启运日期应根据路程而定，以出雏前到达目的地为原则。运输途中注意防止震荡，保持温度适宜，并定时翻蛋，以防下层蛋过热。将蛋运到目的地后立即照检，拣出死胎蛋，然后上摊继续孵化。也有在较晚日龄嘌蛋，雏鸭途中即陆续出雏，待到目的地时全部出完。

三、雏鸭的安置

（一）接雏

雏鸭运到目的地后，将全部装雏盒移入育雏室内，分放在每个育雏器附近，保持盒与盒之间的空气流畅，把雏鸭取出放入指定的育雏器内，再把所有的雏盒移出舍外。对一次性的纸盒要烧掉；对重复使用的塑料盒、木箱等应清除箱底的垫料并将其烧毁，下次使用前对雏盒进行彻底清洗和消毒。

（二）分群

把雏鸭从出雏器中捡出，在孵化室内绒毛干燥后转入育雏室，此过程称为接雏。接雏可以分批进行，尽量缩短在孵化室的逗留时

图 5 - 1 将雏鸭装入运雏箱

间，千万不要等到全部雏鸭出齐后再接雏，以免早出壳的雏鸭不能及时饮水和开食，导致体质变弱，影响生长发育，降低成活率。

雏鸭转入育雏室后，应根据其出壳时间的早晚、体质的强弱和体重的大小，进行第一次分群。把体质好的和体质弱的雏鸭分开饲养，特别是体质弱小的弱雏，要把它放在靠近热源，即室温较高的区域饲养，以促使"大肚脐"雏鸭完全吸收腹内卵黄，提高成活率。体质差不多的雏鸭也应分群饲养，雏群的大小以 200 ~ 300 只为宜。

要做好弱雏复壮。在大群中发现弱雏后，要及时将其挑出单独饲养；弱雏采食量少、代谢产热少，常出现体温偏低现象，放在温

图5-2 运输雏鸭的保温车

图5-3 运输车辆消毒

度较高的环境中有助于保持正常的体温,因此,弱雏笼或圈舍可靠近热源或另外加温;对弱雏,除正常喂料外,还可在饮水中添适量的红糖、蔗糖或葡萄糖、复合维生素、口服补液盐等以增加其营养摄入量,促进其体质的恢复;还可对因病导致的弱雏,要分析成因,采取不同的治疗方法,促进弱雏康复。

第四节 0～3 周龄（育雏）
阶段饲养技术要领

0～3 周龄是快大型肉鸭的育雏期，习惯上把 0～3 周龄这段时间的饲养管理称为育雏。

育雏阶段是肉鸭生产的重要环节，因为雏鸭刚孵出，各种生理机能不完善，还不能完全适应外部环境条件，必须从营养上、饲养管理上采取措施，促使其平稳、顺利地过渡到生长阶段，同时也为以后的生长奠定基础。

一、育雏的环境条件及其控制

（一）温度

大型肉鸭是长期以来用舍饲方式饲养的鸭种，不像麻鸭、蛋鸭那样比较容易适应环境温度的变化。因此，在育雏期间，特别是在出壳后第 1 周内，要保持适当高的环境温度，这也是育雏能否成功的关键所在。

育雏的温度随供温方式不同而不同。

采用保温伞供温时，伞可放在房舍的中央或两侧，并在保温伞周围围一圈高约 50 厘米的护板，距保温伞边缘 75～90 厘米。护板可保温防风，限制幼雏活动范围，防止雏鸭远离热源。待幼雏熟悉到保温伞下取暖后，从第 3 天起向外扩大，7～10 天后取走护板。保温伞和护板之间应均匀地放置料槽和水槽。保温伞直径 2 米可养雏鸭 500 只，2.5 米可养 750 只。1 日龄的伞下温度控制在 34～36℃，伞周围区域为 30～32℃，育雏室内的温度为 24℃。

我国北方常用火炕或烟道供热，热源利用较为经济。若用地下烟道和电热板室内供温，则 1 日龄时的室内温度保持在 29～31℃即可，2～3 周龄末降至室温。

无论何种供温方式，育雏温度都应随日龄增长由高到低而逐渐降低。至 3 周龄，即 20 天左右时，应把育雏温度降到与室温相一致的水平，一般室温为 18 ~ 21℃ 最好。起始温度与 3 周龄时的室温之差是这 20 天内应降的温度。须注意的是，降温每周应分为几次，使雏鸭容易适应。不要等到育雏结束时突然脱温，这样容易造成雏鸭感冒和体弱。每天应检查或调节温度，使温度保持适当和稳定。保温伞的温度计应在伞边缘、距离垫料与底网 5 厘米处，舍内温度计应在墙上，距地面约 1 米高处。

笼养育雏时，一定要注意上、下层之间的温差。采用加温育雏取暖时，除了在笼层中间观察温度外，还要注意各层间的雏鸭动态，及时调整育雏温度和密度。若能在每层笼的雏鸭背高水平线上放一温度计，然后根据此处温度来控制每层的育雏温度，则效果会更好。

育雏温度是否合适，除根据温度计外，还可以从雏鸭的状态表现出来，这是最简易实用的方法。当育雏温度合适时，雏鸭活泼好动，采食积极，饮水适量，过夜时均匀散开；若温度过低，则雏鸭密集聚堆，靠近热源，并发生尖厉叫声；若温度过高雏鸭远离热源，张口喘气，饮水量增加，食欲降低，活动减少；若有贼风（缝隙风、穿堂风等）从门窗吹进，则雏鸭密集在热源一侧边。饲养人员应该根据雏鸭对温度反应的状态，及时调整育雏温度。做到适温休息、低温喂食、逐步降温，提高雏鸭的成活率。

（二）湿度

雏鸭体内含水量大，约 75%。若舍内高温、低湿会造成干燥的环境，很容易使雏鸭脱水，羽毛发干。若群体大、密度高，活动不开，会影响雏鸭的生长和健康，加上供水不足甚至会导致雏鸭脱水而死亡。湿度也不能过高，高温高湿易诱发多种疾病，这是养禽业最忌讳的环境，也是雏球虫病暴发的最佳条件。地面垫料平养时特别要防止高温。因此育雏第 1 周应该保持稍高的湿度，一般相对湿度为 65%，以后随日龄增加，要注意保持鸭舍的干燥。要避免漏水，防止粪便、垫料潮湿。第 2 周湿度控制在 60%，第 3 周以后为 55%。

（三）密度

密度是指每平方米地面或网底面积上所饲养的雏鸭数。密度要适当，密度过大，雏鸭活动不开，采食、饮水困难，空气污浊，不利于雏鸭成长；过稀则房舍利用率低，多消耗能源，不经济。适当的密度既可以保证高的成活率，又能充分利用育雏面积和设备，从而达到减少肉鸭活动量、节约能源的目的。育雏密度依品种、饲养管理方式、季节的不同而异。一般最大收容量为每平方米 25 千克活重。不同饲养方式雏鸭的饲养密度可参考表 5 - 2。

表 5 - 2 雏鸭的饲养密度（只/米²）

周龄	地面垫料平养	网上平养	笼养
1	20 ~ 30	30 ~ 50	60 ~ 65
2	10 ~ 15	15 ~ 25	30 ~ 40
3	7 ~ 10	10 ~ 15	20 ~ 25

（四）光照

光照可以促进雏鸭的采食和运动，有利于雏鸭的健康生长。出壳后的头 3 天内采用 23 ~ 24 小时光照；4 ~ 7 日龄，可不必昼夜开灯，给予每天 22 小时光照，便于雏鸭熟悉环境，寻食和饮水。每天停电 1 ~ 2 小时保持黑暗，目的在于使鸭能够适应突然停电的环境变化，防止一旦停电造成应激扎堆，致大量雏鸭死亡。

光的强度不可过高，过强烈的照明不利于雏鸭生长，有时还会造成啄癖。通常光照强度在 10 ~ 15 勒。一般开始时白炽灯每平方米应有 5 瓦强度（10 勒，灯泡离地面 2 ~ 2.5 米），以后逐渐降低。到 2 周龄后，白天就可以利用自然光照，在夜间 23 点关灯，早上 4 点开灯。早、晚喂料时，只提供微弱的灯光，只要能看见采食即可，这样既省电，又可保持鸭群安静，防止因光照过强引起啄羽现象，也不会降低鸭的采食量。但值得注意的是，采用保温伞育雏时，伞内的照明灯要昼夜亮着。因为雏鸭感到寒冷时要到伞下去取暖，伞内照明灯有引导雏鸭进伞之功效。

采用微电脑光照控制仪，可从黄昏到清晨采用间歇照明，即关灯 3 小时让鸭群休息，之后开灯 1 小时让鸭群采食、饮水和适当运动，每 4 个小时为一个周期。黄昏时把料箱或料桶内添加足量的饲料，饮水器保证有充足的饮水，以满足夜间雏鸭的需要。

樱桃谷鸭不同日龄光照时间及光照强度对照见表 5 - 3。

表 5 - 3　樱桃谷鸭不同日龄光照时间及光照时间强度对照

项目　　　　　日龄	1 ~ 3	4 ~ 7	8 ~ 14	15 ~ 21	22 ~ 35
光照/小时	24	23	19	17	12
光照强度/勒	10	8	5	5	3

（五）通风

雏鸭的饲养密度大，排泄物多，育雏室容易潮湿，积聚氨气和硫化氢等有害气体。因此，保温的同时要注意通风，以排除潮气等，其中以排出潮湿气最为重要。舍内湿度保持在 55% ~ 65% 为宜。

适当的通风可以保持舍内空气新鲜，夏季通风还有助于降温。因此良好的通风对于保持鸭体健康、羽毛整洁、生长迅速非常重要。开放式育雏时维持舍温 21 ~ 25℃，尽量打开通气孔和通风窗，加强通风。如在窗户上安装纱布换气窗，既可使室内外空气对流，并以纱布过滤空气，使室内空气清新，又可防止贼风，效果较好。

冬季和早春，要正确处理保温与通风的矛盾。肉鸭在养殖的前两周，管理的重点是保温，因为这个阶段，雏鸭的体温调节机能尚不完善，需要有较高的环境温度，两周龄后即可在晴暖天气打开窗户进行适当通风换气。这个季节，进风口要设置挡板，以防进入鸭舍的冷风直接吹到鸭身上导致受凉感冒。如果能够使用热风炉，将加热后的空气送到舍内，则能够有效解决这个季节通风换气和保温的矛盾。

夏季，10 日龄内的雏鸭，夜间仍需要适当保温，待环境温度不低于23℃时，不需要保温和加热，注意通风换气。3 周龄后，需要加强通风换气，缓解热应激，有条件的规模肉鸭场，还可使用湿帘风机等降温设备。

春秋季节气温不是太稳定，要注意两周龄内雏鸭的保温，天气暖和时兼顾通风，两周龄后防止气温突降而没有减少通风量，导致舍内温度急剧下降等情况的发生。

（六）营养

刚出壳雏鸭的消化器官功能较弱，同时消化器官的容积很小，但生长速度很快，育雏期末的体重是初生重的十多倍。因此，只有满足雏鸭的营养需要，日粮中的能量、蛋白质、氨基酸和维生素、矿物质等营养全面，而且要平衡，比例适当，所配的饲料要容易消化；在饲喂上要少喂多餐，才能满足雏鸭快速生长的需要。

二、雏鸭的开水与开食

培育雏鸭要掌握"早开水、早开食，先开水、后开食"的原则。

（一）"开水"

教初生雏鸭第一次饮水称为"开水"。一般雏鸭出壳后24~36小时内，先"开水"再"开食"。由于雏鸭从见嘌（孵化期内胚胎开始啄壳）到出壳的时间较长，且出雏器内的温度较高，体内的水分散发较多，因此，必须适时补充水分。雏鸭一边饮水，一边嬉戏，雏鸭受到水的刺激后，生理上处于兴奋状态，促进新陈代谢，促使胎粪的排泄，有利于"开食"和生长发育。"开水"过晚，雏鸭体内水分散失多，不利于卵黄吸收和今后生长发育。

小群的自温育雏，可采用传统的使用鸭篮给雏鸭"开水"的方法，通常每只鸭篮放40~50只雏鸭，将鸭篮慢慢浸入水中，使水浸没脚面为止，这时雏鸭可以自由地饮水，洗毛2~3分钟后，就将鸭篮连雏鸭端起来，让其理毛，放在垫草上休息片刻就可"开食"。

也可以在雏鸭绒毛上洒水。草席或塑料薄膜上"开食"之前，在雏鸭绒毛上喷洒些水，使每只雏鸭的绒毛上形成小水珠，雏鸭互相啄食小水珠，以达到"开水"之目的。

标准化规模场饲养肉鸭，因养殖数量多，又需要保温育雏，一般可采用水盘"开水"。用一张白铁皮做成两个边高4厘米的水盘，也可以使用边缘高度4厘米的搪瓷盘。在盘中盛1厘米深的水，将雏鸭放在盘内饮水、理毛2~3分钟后，抓出放在垫草上理毛、休息后"开食"。以后随着日龄的增大，盘中的水可以逐渐加深，并将盘放在有排水装置的地面上，任其饮水、洗浴。

规模化饲养，也可以直接使用雏鸭饮水器"开水"。在饮水器内注满干净水，放在保温器四周，让其自由饮水，起初要先进行调教，可以用手敲打饮水器的边缘，引导雏鸭来饮水；也可将个别雏鸭的喙浸入水中，让其饮到少量的水，只要有个别雏鸭到饮水器边来饮水，其他雏鸭就会跟上。以后随着日龄的增大，饮水器逐步撤到另一边，有利排水的地方。

开水时所使用的水最好是凉开水，温度保持在25℃左右，4日龄后可直接使用自来水或深井水。为了促进雏鸭尽早适应新的环境，增强雏鸭的体质和抗病力，5日龄前的雏鸭，要在饮水中添加适量抗生素或保健药物，初次饮水可使用0.02%的高锰酸钾水，之后让雏鸭饮用5%的葡萄糖水并添加抗生素，每天2次；也可以添加口服补液盐、电解多维等，以帮助雏鸭清理肠道，尽快排净胎粪，加快卵黄吸收，提高适应环境的能力和抗病力。

"开水"后，必须保证不间断地供水。在整个育雏期，供水很重要，如果饮水不足或水质不良都将会影响雏鸭的采食量、抗病力和生长发育，一般提倡供给清洁常流水，水温随季节略有升降。另外，每周用0.02%的高锰酸钾水供雏鸭饮服1次。

（二）"开食"

雏鸭的第一次喂食称为"开食"，安排在开水后0.5~1小时进行。传统喂法是用焖熟的大米饭或碎米饭，或用蒸熟的小米、碎玉米、碎小麦粒，食物往往较为单一，规模化养殖时不建议使用。应提倡用配合饲料制成颗粒料直接作为开食料，最好用破碎的颗粒料，更有利于雏鸭的生长发育和提高成活率。

雏鸭开食过早不行，过迟也不行。开食过早，一些体弱的雏鸭，活动能力差，本身无吃食要求，往往被吃食好的雏鸭挤压受伤，影响今后吃料；而开食过迟，因不能及时补充雏鸭所需的营养，致使雏鸭因养分消耗过多、疲劳过度，降低雏鸭的消化吸收能力，造成雏鸭难养，成活率也低。

雏鸭一般训练开食 2~3 次后，自己就会吃食，吃上食后一般掌握雏鸭吃至七八成饱就够了，不能吃得太饱。

三、喂料

雏鸭喂料的原则是：少喂多餐，逐步过渡到定时定餐。

1 周龄内的雏鸭应让其自由采食，经常保持料盘内有饲料，随吃随添加。一次投料不宜过多，否则堆积在料槽内，不仅造成饲料的浪费，而且饲料容易被污染；夏季积料多还可能造成饲料的酸败变质。

初生的雏鸭，食道膨大部分还很不明显，贮存饲料的容积很小，消化器官还没有经过饲料的刺激和锻炼，消化机能尚不健全，肌胃的肌肉也不坚实，磨碎饲料的功能还不强。所以，要少喂多餐，少喂勤添，随吃随给，使饲槽内稍有余食但不过多。除白天每隔 1~2 小时喂 1 次外，晚上也要另喂 2 次，开头 3 天的饲养是很关键的；对不会自动走向饲槽的弱雏，要耐心引诱它去采食，保证每只都能吃到饲料，吃饱但不能吃得过头。3 天以后，可改用食槽饲喂，槽的边高 3~4 厘米，长 50~70 厘米，这样可以防止混入鸭粪污染饲料。6 日龄起就可以进行定时喂食，每隔 2 小时喂 1 次；8~12 日龄时每隔 3 小时喂 1 次，每昼夜喂 8 次；13~15 日龄每隔 4 小时喂 1 次，每昼夜喂 6 次；16~20 日龄白天每隔 4 小时喂 1 次，夜间每隔 6 小时喂 1 次，每昼夜喂 5 次；21 日龄以后，每隔 6 小时喂 1 次，每昼夜喂

4次。

随着雏鸭的逐渐长大，可以不用食槽而改用水泥圈饲喂，即在育雏室一角，做好水泥圈子，先将饲料拌好，分小堆放在水泥圈上，然后分批将雏鸭放入，每批200~300只为宜，每次吃食10分钟。但每次投料不要太多，以每批都能吃完为度。

通常在肉鸭生产中，要使用育雏期日粮（Ⅰ号）、中雏期日粮（Ⅱ号）、肥育期日粮（Ⅲ号）三种营养成分的全价饲料。一般在1~11日龄使用Ⅰ号料，12~13日龄开始更换Ⅱ号料，到22~23日龄时还要更换Ⅲ号料。有些饲养小型商品肉鸭（俗称养小鸭，28日龄前后出栏上市）的肉鸭养殖场户，更换Ⅱ号料后，可一直喂到28日龄出栏。

因此，不管是饲养大型商品肉鸭（俗称养大鸭，45~50日龄前后出栏上市）还是饲养小型商品肉鸭的肉鸭养殖场户，都要学会过渡换料，切不可由一种饲料一下子换成另一种饲料，以防产生换料应激，影响正常生长增重。11日龄时，用2/3Ⅰ号料+1/3Ⅱ号料饲喂1天，12日龄用1/2Ⅰ号料+1/2Ⅱ号料饲喂1天，13日龄再用1/3Ⅰ号料+2/3Ⅱ号料饲喂1天，14日龄可以全部使用Ⅱ号料。而养大鸭的肉鸭养殖场户，21日龄时，用2/3Ⅱ号料+1/3Ⅲ号料饲喂1天，22日龄用1/2Ⅱ号料+1/2Ⅲ号料饲喂1天，23日龄再用1/3Ⅱ号料+2/3Ⅲ号料饲喂1天，24日龄时可以全部使用Ⅲ号料。

四、分群

雏鸭在进入育雏舍后已经进行过第一次分群，之后，雏鸭在生长发育过程中又会出现大小强弱的差别，所以要经常把鸭群中体质太强和体质太弱的雏鸭挑选出来，单独饲养，以免"两极分化"，即强的更强，弱的因抢食抢水能力差而愈来愈弱。通常在8日龄和15日龄时，结合密度调整，进行第2次、第3次分群（图5-4）。

分群时可逐只检查，将吃食少或不吃食的放在一起饲养，适当增加饲喂次数，比其他雏鸭的环境温度提高1~2℃。同时，要查看是否有疾病原因等，对有病的要对症采取措施，如将病雏分开饲养

图 5 - 4　雏鸭分群饲养

或淘汰。再是根据雏鸭各阶段的体重和羽毛生长情况分群，各品种都有自己的标准和生长发育规律，各阶段可以抽称 5% ~ 10% 的雏鸭体重，结合羽毛生长情况，未达到标准的要适当增加饲喂量，超过标准的要适当扣除部分饲料。自温育雏的雏鸭，一定要分成小群，吃食、饮水后放进鸭棚舍，用手将扎堆的雏鸭分开，待鸭棚内温度升高后，雏鸭就会散开。待雏鸭达 15 日龄后，可进行第三次分群，把大群用小格分开成小群，可避免晚间天黑或有老鼠活动，使雏鸭扎堆挤死。

五、搞好卫生防疫

（一）加强消毒

育雏舍门口设消毒槽或池。非本舍工作人员不得入内。

（二）雏鸭抵抗力差，要创造一个干净卫生的生活环境

单独育雏舍内育雏时，在每次用过后进行彻底消毒。铁丝网床或竹板床的床面、角落隔板、墙壁地面等处，用高压水龙头冲洗干净，不应有粪便滞留，待晾干后，关闭门窗，用福尔马林熏蒸消毒或用 0.2% 过氧乙酸喷雾消毒整个鸭舍与床面等。同时，育雏应采用

全进全出制度，即同日龄的鸭进入，同日龄的鸭转出，中途不得引进新鸭，以便彻底消毒、饲养管理。严禁从有疫情的鸭场购入雏鸭，注意剔出病弱残鸭。

随着雏鸭日龄的增大，排泄物不断增多，地面垫料平养时，垫料要经常翻晒、更换，保持生活环境干燥，所使用的食槽、饮水器每天要清洗、消毒，鸭舍要定期消毒等。

（三）搞好防病工作

目前，危害养鸭最严重的疾病包括高致病性禽流感、小鸭病毒性肝炎、鸭瘟、浆膜炎。前3种为病毒性疾病，必须通过预防接种来控制。

雏鸭疫病免疫参考程序：1日龄，鸭瘟疫苗颈部皮下注射；5日龄，鸭传染性浆膜炎和大肠杆菌二联苗肌内注射；8日龄，鸭病毒性肝炎冻干苗皮下注射；鸭禽流感疫苗的免疫时间要按疫苗使用说明执行，严防禽流感发生。鸭瘟、鸭传染性浆膜炎、大肠杆菌、鸭病毒性肝炎等在免疫前应认真阅读使用说明书，严格按疫苗使用说明预防。

肉鸭的发病死亡主要发生在2周龄以内，可在1周龄内间断地在饮水中添加禽用多维，以增强雏鸭的抵抗能力；同时1~5日龄用0.02%高锰酸钾液饮水；6~8日龄用沙星类药物饮水；9~13日龄换为高锰酸钾；14~16日龄改用敌菌净，这样交叉使用药物预防，效果既好，药价又低。以后鸭群如出现粪便不正常等情况时，在饮水中添加抗生素或喹诺酮类药物进行防治，以确保肉鸭健康快速生长，减少病死率，提高养鸭效益。

第五节　3~4周龄肉鸭的饲养管理

3~4周龄的肉鸭称为中雏期。中雏期是鸭子生长发育最迅速的时期，对饲料营养要求高，且食欲旺盛，采食量大。中雏期的生理特点是对外界的适应性较强，比较容易管理。其饲养管理的要点如下。

一、过渡期的饲养

1. 渐进式换料

21 日龄开始，要逐渐从 Ⅱ 号料过渡到 Ⅲ 号料，使鸭逐渐适应新的饲料。

换料时，应执行"渐进式换料"原则。换料前后，最好能每天准确测量肉鸭的耗料量，如果采食量下降，要及时采用匀料、饲料潮拌等方法刺激采食，增加采食量。为减少换料给鸭群带来的应激，可在饲料中添加适当的维生素 C 或电解多维。

2. 温度

除冬季和早春气温低时，采用升温育雏饲养，其余时期中雏的饲养均采用自温饲养方法。但若自然温度与育雏末期的室温相差太大（一般不超过 3~5℃），会引起感冒或其他疾病，这时就应在开始几天适当增温。

3. 空腹转舍

转群前必需空腹方可运出。

4. 逐步扩大饲养面积，减少饲养密度

若采用网上育雏，则雏鸭刚下地时，地上面积应适当圈小些，待雏鸭经过 2~3 天的锻炼，腿部肌肉逐步增强后，再逐渐增大活动面积。因为中雏舍的地面积比网上大，雏鸭一下地，活动量逐渐增大，一时不适应，容易导致鸭子气喘、拐腿，重者甚至引起瘫痪。

二、中雏期的饲料

中雏期鸭子生长发育迅速，对营养物质要求高，要求饲料中各种营养物质不仅全面，而且配比合理。科学试验证明，该期使用全价配合饲料能使肉鸭生长快，缩短饲养周期，提高饲料报酬和经济效益。

三、饲喂管理

1. 定时定量，足量饮水

根据中雏的消化情况，一昼夜饲喂 4 次，定时定量。鸭在吃食时有饮水洗嘴的习惯，要及时添换清洁饮水。

2. 保持鸭舍内清洁干燥

中雏期容易管理，要求圈舍条件比较简易，只要有防风遮雨设备即可。但圈舍一定要保持清洁干燥。夏天运动场要搭凉棚遮阳，冬天要做好保温工作。

3. 密度适当

中雏的饲养密度，肉用型雏鸭 8 ~ 10 只/米^2，兼用型 10 ~ 15 只/米^2，不断调整密度，以满足雏鸭不断生长的需要，不至于过于拥挤，从而影响其摄食生长，同时也要充分利用空间。

4. 分群饲养

将雏鸭根据强弱大小分为几个小群，尤其对体重较小生长缓慢的弱中雏应强化培育，集中喂养，加强管理，使其生长发育能迅速赶上同龄强鸭，不至于延长饲养日龄。

5. 光照

适当的光照有益于中雏的生长发育，所以，中雏期间应坚持 23 小时的光照制度。

6. 沙砾

为满足雏鸭生理机能的需要，应在中雏鸭的运动场上，专门放几个沙砾小盘，或在精料中加入一定比例的沙砾，这样不仅能提高饲料转化率，节约饲料，而且能增强其消化机能，有助于提高鸭的体质和抗逆能力。

7. 严格执行休药期规定

养小鸭的肉鸭，在 28 日龄就要出栏。进入出栏销售阶段，禁止肉鸭使用任何抗菌、促生长药物，特别是明文规定限用的药物。一般在出栏前 7 ~ 10 天，停止使用各种药物和非营养性添加剂。

第六节 4~8周龄肉鸭的饲养管理

肉鸭的4~8周龄培育期也称为生长肥育期，养大鸭的肉鸭，习惯上将4周龄开始到上市这段时间的肉鸭称为仔鸭。这段时期，商品肉鸭的生理特点及身体状况，已不同于育雏期和中雏期。肉鸭的自身发生了变化，相应的饲养管理措施也须进行适当的调整。

一、生理特点

大型商品肉鸭的生长肥育期，体温的调节机制已趋完善，骨骼和肌肉生长旺盛，绝对增重处于最高峰时期，采食量大大增加，消化机能已经健全，体重增加很快。所以，在此期要让其尽量多吃，加上精心的饲养管理，使其快速生长，达到上市体重要求。

二、营养需要

从3周龄末开始，换用肥育期日粮（即Ⅲ号料），蛋白质水平低于育雏期和中雏期，而能量水平与育雏期和中雏期的相同或略少提高。育肥期肉鸭生长旺盛，需能量大，这时不提高日粮能量水平，或使育肥期日粮的能量水平相对降低，而肉鸭可以根据能量水平确定采食量。因此相对降低日粮中的能量水平可促使肉鸭提高采食量，有利于仔鸭快速生长。而且饲料中蛋白质水平降低，也降低了成本。因此，比较经济实惠。育肥期的颗粒料直径可变为3~4毫米或6~8毫米。地面平养和半舍饲时可用粉料。粉料必须拌湿喂。

三、饲养管理技术

1. 饲养方式

目前，大型肉鸭4~8周龄多采用舍内地面平养或网上平养，育雏期地面平养或网上平养的可不转群，既避免了转群给肉鸭带来的应激，也节省劳力。但育雏期结束后采用自然温度肥育的，应撤去保温设备或停止供暖。对于由笼养转为平养的，则在转群前 1 周，平养的鸭舍、用具须做好清洁卫生和消毒工作。地面平养的准备好 5~10 厘米厚的垫料。转群前 12~24 小时饲槽加满饲料，保证饮水不断。

2. 温度、湿度和光照

室温以 15~18℃ 为宜，冬季应加温，使室温达到最适温度（10℃以上）。湿度控制在 50%~55%。应保持地面垫料或粪便干燥。光照强度以能看见吃食为准，每平方米用 5 瓦白炽灯。白天利用自然光，早晚加料时才开灯。

3. 密度

地面垫料饲养，每平方米地面养鸭数为：4 周龄 7~8 只，5 周龄 6~7 只，6 周龄 5~6 只，7~8 周龄 4~5 只。具体视鸭群个体大小及季节而定。冬季密度可适当增加，夏季可减少。气温太高，可让鸭群在室外过夜。

4. 饲喂次数

仍然是昼夜 4 次，白天 3 次，晚上 1 次。喂料量原则与前期相同，以刚好吃完为宜。为防止饲料浪费，可将饲槽宽度控制在 10 厘米左右。每只鸭占有饲槽长度在 10 厘米以上。

5. 饮水

自由饮水，不可缺水，应备有蓄水池。每只鸭占有水槽长度在 1.25 厘米以上。

6. 垫料

地面垫料要充足，随时撒上新垫料，且经常翻晒，保持干燥。垫料厚度不够或板结，易造成胸囊肿，影响屠体品质。

第七节　肉鸭的四季
管理要点

一、春季肉鸭的饲养管理要点

春季培育雏鸭，疫病少，易成活，生长快，好管理，是一年中最好的育雏季节。饲养上必须掌握以下 3 个重点环节。

1. 重视保温，切忌忽冷忽热

春季气候多变，育雏期间要十分注意保温，切忌给温忽高忽低。时刻关注天气预报，提前做好保温工作，使鸭舍内温度保持在 13 ~ 20℃。春夏之交，天气多变，会出现早热天气或连续阴雨，要因时制宜保持舍内小气候稳定。

2. 掌握适宜密度

饲养密度与育雏室内空气卫生和鸭群健康生长有关，要适时分群，严防扎堆。特别在早春天气和下半夜，要注意观察雏鸭动态，及时赶堆。雏鸭适宜密度为：1 周龄内每平方米养 25 ~ 30 只，2 周龄 15 ~ 20 只，3 周龄以上 5 ~ 7 只。对于饲养量大的鸭场（户），可按大小、强弱、年龄等不同分为若干小群，每群以 200 ~ 300 只为宜，1 周以后再调整 1 次。

3. 注意卫生防疫

春季气温开始上升，适合各种微生物的生长繁殖，因此要重视消毒和防疫工作。料槽、饮水器、鸭舍内部要定期消毒，设备垫草不要太厚并定期清除，每次清除都要结合消毒 1 次。留有运动场的鸭舍，要经常疏通排水沟，做到不积污水和粪便。

二、夏季肉鸭的饲养管理要点

在炎热夏天，由于鸭没有汗腺且有羽毛的覆盖，鸭体的散热受到很大限制。当气温越过等热区时，鸭体温上升，在未搞好防暑降温的情况下，鸭发生急性热应激甚至热昏厥的现象时有发生。高温、高湿的环境还使鸭舍粪便易于分解，造成鸭舍内有害气体含量过高，危害鸭体健康。

（一）抓好饲料供应，保证营养需要

1. 调整饲料配方

由于鸭的采食量随环境温度的升高而下降，所以应配制夏季高温用的、不同生长阶段的肉鸭日粮，适当提高饲料浓度，以保证鸭每日的营养摄取量。

（1）添加适量脂肪代替部分碳水化合物　用适量脂肪代替部分碳水化合物，不但有利于提高日粮能量浓度，弥补因采食量下降而减少的能量摄入量，而且还能有效地减轻由于体增热所加剧的热应激负担。

（2）控制蛋白质水平　在满足所有必需氨基酸的前提下，使蛋白质水平尽可能处于低限。为了减轻蛋白质在体内降解利用所带来的体增热负担，提高利用率，应根据日粮氨基酸盈缺情况添加必需氨基酸，创造合理的蛋白质模式，保证氨基酸的平衡供给。

（3）提高矿物质与维生素的添加水平　由于夏季肉鸭采食量下降，要保证肉鸭对各种矿物质与维生素营养成分摄入量不变，应适当提高其在日粮中的含量。在日粮或饮水中补加额外的钾、钠及在饮水中加入碳酸盐均有利于维持电解质平衡。此外，在饲料中补加0.1%~0.5%碳酸氢钠能有效地减轻热应激反应。夏季高温时，饲料中的营养物质易被氧化，且高温等应激因素造成鸭的生理紧张，不仅降低鸭机体维生素C合成能力，同时鸭对维生素C等营养物质的需要量提高，所以，夏季每千克饲料中应添加维生素C 50~200毫克。

2. 采用抗应激药物添加剂

针对鸭体高温下所表现的生理变化对症下药，如使用水杨酸、阿司匹林以降低鸭的体温，利用藿香、刺五加、薄荷等中草药制剂增加免疫、祛湿助消化达到抗应激效果。

3. 保持饲料新鲜

在高温、高湿期间，自配料或购入饲料放置过久或饲喂时在料槽中放置时间过长均会引起饲料发酵变质，甚至出现严重的霉变。因而夏季应减少每次从饲料厂拉进的饲料量，以1周左右用完为宜，保证饲料新鲜。饲喂时应少量多餐，尤其是采用湿拌粉料更应少喂勤添。

4. 适当调整供料时间

早晨可提早1～2小时在清晨4～5时开始喂料，晚上也应适当延长饲喂时间，这样可避开高温对采食量的影响。

（二）做好环境控制，防止发生热应激

1. 减少太阳辐射热

在设有运动场的鸭舍，要在运动场上架设遮阴凉棚，鸭舍舍顶应加厚覆盖层。高温期间可在棚顶淋水或在棚内喷水雾化，并做好鸭舍周围环境的绿化工作。

2. 加快鸭体散热

保证鸭舍四周敞开，加大通风量。给鸭饮清洁的自来水或冷水，采用通风设备加强通风，保证空气流动。夜间也应加强通风，使鸭在夜间能恢复体力，缓解白天酷暑热应激的影响。

3. 降低饲养密度

减少鸭舍内饲养数和增加鸭舍中水、食槽的数量，可使鸭舍内因鸭数的减少而降低总产热量，同时避免因食槽或水槽的不足造成争食、拥挤而导致个体产热量的上升。

4. 保持鸭舍清洁干燥

采用合理的饲养及饮喂方式，减少粪中含水量，防止高温下舍内高湿带来的危害。

① 增加鸭舍打扫次数，缩短鸭粪在舍内的时间；② 水槽尽量放在网上，以免鸭饮水时将水洒进垫料。

（三）加强日常管理，增强抗应激能力

1. 加强疫病防治

及时做好免疫接种和疾病治疗工作。注意鸭群采食量、饮水量及排粪情况的观察，一旦发现异常及时采取措施。

2. 改变饲养方式

变地面厚垫料饲养为网上平养，杜绝肉鸭与粪便接触，以减少疾病传播机会，降低发病率。

3. 减少对鸭群的干扰

避免干扰鸭群，使鸭的活动量降低到最低限度，减少鸭体热的增加。

4. 做好日常消毒工作

健全消毒制度，防止鸭因有害微生物的侵袭而造成抵抗力下降，防止苍蝇、蚊子滋生，使鸭免受虫害干扰，增强鸭群的抗应激能力。

三、秋季肉鸭的饲养管理要点

秋高气爽，气温渐降，到了晚秋，气温多变，昼夜温差加大，日照时间缩短。因此，秋季管理的重点是保持环境稳定，继续做好灭蚊灭蝇工作。

（一）肉种鸭保证光照时间

自然光照时间缩短，不利于种鸭产蛋。因此，需要补充人工光照，使种鸭每天的光照时间保持16小时，并稳定光照强度。

（二）晚秋防止温度突然降低

温度的突然变化，会导致肉鸭出现呼吸道等疾病。生产中，要防止因气候突变引起鸭舍内小气候的骤变，保持小环境相对稳定。晚秋要做好保暖，其他操作规程和饲养管理程序保持基本稳定。

（三）保证鸭舍干燥

秋季往往有连阴雨天气，鸭舍周围容易积水，垫草更容易返潮霉败。要降低鸭舍内湿度，防止垫草泥泞。

（四）继续做好灭蚊灭蝇工作

蚊蝇干扰肉鸭休息，影响生长，还传播多种疾病。要继续做好驱除和杀灭工作。

四、冬季肉鸭的饲养管理要点

冬季是肉鸭饲养管理要求较高的季节。管理的核心任务是在保温的前提下，处理好保温与通风的矛盾。

（一）鸭舍（棚）建筑保温性能相对要好，适时通风换气

冬季气候寒冷，有时滴水成冰，而棚舍内需要的温度与外界气温相差悬殊，对肉鸭来说，既要通风换气，又要保持棚舍内温度，这就是冬季肉鸭饲养应解决的主要问题。有的养殖户错误地认为，鸭子不怕冷，不需要那么高的温度。其实不然，肉鸭和其他家禽一样，对温度的调节能力亦很差，常常会发生由于棚舍防寒性能差、棚舍温度低，致使肉鸭扎堆挤压致死的现象。为了减少棚舍的热量损失，对于棚舍隔热差的可加盖一层稻草帘子或塑料布，窗户要用塑料布封严，调节好通风换气口。

要特别注意通风换气与棚舍保温的关系，既要通风换气，又不要造成棚舍内温度忽高忽低，用煤气、火炉等取暖，要保持棚舍恒温，在雨雪天和寒流期间，棚内的温度宜高一些。严防由于温差过大造成应激反应引起疾病。当气温急剧下降，防寒保温工作跟不上时，往往易使肉鸭外感风寒，发生咳嗽、甩鼻、呼吸困难等呼吸道症状。有的养殖户由于只考虑和注重了保温而忽视了通风换气，再加上棚舍内外温差大，育雏室内的水气蒸发到棚舍顶部变成水滴流

下，好像下雨一般，以致使棚舍内湿度过大，导致一些条件性病原微生物的大量繁殖，造成肉鸭的大批死亡和经济损失。因此，养殖户一定要掌握好气候的变化，做好防寒保温工作。棚舍要事先维修好，防止贼风、穿堂风。一般情况下，1周龄内要重保温，1周龄左右（1周后）开始于中午前后开窗（或通风孔）通风，开窗要求自上而下，根据棚舍内温度的高低确定开窗面积的大小，或打开阳面的塑料布进行通风。清粪和卫生消毒工作应安排在下午为宜。通风时可适当提高育雏舍内温度，并避免冷风直接吹袭鸭群，随肉鸭日龄的增加加大通风量。雏鸭入舍的前3天，将棚舍温度控制在30℃以上，此时雏鸭状态佳，精神活泼，分布均匀，活动自由，饮食正常。同时，日常饲养时，应注意鸭只的变化及时进行调温，并保持温度相对恒定，不宜忽高忽低。晚上是观察雏鸭、鸭群和调节温度的最好时间，可以发现鸭群是否有呼吸道疾病和疫苗反应。鸭群均匀分布在地面或网上或架上，无张嘴呼吸表现，羽毛光顺，说明温度合适；张嘴呼吸，不爱吃食，饮水增加，说明温度过高，应降低棚舍内温度；鸭群在中央拥挤成堆，靠近热源，缩头，甚至闭眼尖叫，说明温度过低，应提高棚舍内温度；如果在边缘区域成堆，可能有贼风。温度过高或过低均会影响肉鸭的生长发育、饲料转化率和经济收益，建议养殖户用塑料布将育雏舍隔成小间，随着鸭雏的日龄而不断加大，以节省燃料。

（二）防氨气蓄积和煤气中毒

有些养殖户为了给棚舍保温而忽视了通风换气，对鸭只排泄的粪便不及时清除，致使鸭棚舍内氨气蓄积，浓度增大，导致肉鸭氨气中毒或引发其他疾病。氨气能强烈地刺激肉鸭呼吸道黏膜和眼角膜，通常会造成肉鸭精神不振，食欲减退，流眼泪，眼角膜发炎（俗称"糊眼睛"）等危害，甚至可引起死亡。为了防止氨气对肉鸭的不良影响，建议养殖户及时清除粪便，防止水槽漏水和棚舍内湿度过大。

肉鸭煤气中毒的主要原因，一是为了棚舍保温而忽视了通风换气；二是使用质量差的煤，含烟量较大；三是使用的取暖炉未安装烟囱或烟筒安装没有避开主风向、倒烟或烟筒结合部漏烟；四是管理不够细心，没有做好细节的工作。因此，在冬季饲养肉鸭，一定要时刻注意人与肉鸭的安全，科学进行通风换气，加强夜间值班，经常检修烟道、烟具是否跑火和漏烟，用电线路是否安全等，降低棚内有害气体的含量，防止煤气中毒。

另外，冬季气候干燥、风大寒冷，火灾发生较多，尤其是养殖户的鸭棚舍又大都是简易的，因此，更要注意防火，排除一切火灾隐患。

（三）精心饲喂，科学饲养

进雏前，要对棚舍进行严格的冲刷、消毒，最好能熏蒸。用具、衣帽、房舍等彻底清洗。在运雏时，不要将运雏的筐、铁笼等包裹得太密，以免雏鸭缺氧闷死。雏鸭入舍后，要先饮水后开食，对于不愿意活动的雏鸭，应采用人工轰赶、强制饮水采食的措施，但应注意动作要轻，不要造成挤压致死的现象。棚舍内的光照易强一些、长一些，但不可随意改变光源的位置、时间、强度等，使棚舍内照度均匀。控制饮水，充分满足鸭只对水的需要，一般鸭只的饮水量是耗料量的 2~3 倍，但不多供水，防止水管跑水、水槽漏水和棚舍内湿度过大。

另外，在饮水或饲料中添加适量的抗菌药物和维生素等，以增强鸭只的抗病能力和抗应激能力。

（四）搞好卫生消毒工作，严防疾病传播

生产实践中，还发现有部分养殖户卫生消毒观念淡薄，鸭棚舍不消毒或很少消毒，想靠运气来养鸭，错误地认为冬季消毒难，消毒不消毒关系不大，不消毒照样养鸭。其实不然，冬季和其他季节一样，要认真作好卫生消毒工作。现在养殖的密度在不断增大，在既没有防疫沟又没有防疫墙的情况下，商品大流通的环境里有无数肉眼看不见的病菌病毒，如果防疫工作未做好，一旦致病菌进入鸭

棚舍，肉鸭就会发病，最终导致养鸭经济效益差。卫生消毒是切断传染病传播途径的重要方法。

饲养用具与消毒用具严格分开，并定期带鸭消毒和饮水消毒，并经常用不同类别的消毒药，交替轮换使用，严防水平传播疾病。消灭鼠害，病死鸭要进行深埋处理，病鸭要隔离，要远离健康鸭。

总之，冬季肉鸭的饲养管理是一项综合性的工作，只有掌握各方面的环节要点，认认真真去做，就一定能获得良好的冬季养肉鸭的经济效益。

第八节 肉鸭的出栏上市

一、上市日龄的确定

肉鸭的上市日龄主要取决于市场对产品的需求和肉鸭的增重规律。北京鸭和樱桃谷鸭的增重和生长情况见表5-4和表5-5。

表5-4 北京鸭平均体重、耗料量累计及饲料转化效率

周龄	体重/克	耗料/克	增重耗料比
1	270	230	0.85
2	760	970	1.27
3	1 350	2 130	1.57
4	1 810	3 280	1.82
5	2 320	4 760	2.05
6	2 800	6 390	2.27
7	3 150	8 140	2.58
8	3 420	9 680	2.83

表5-5 樱桃谷鸭生长情况 （千克）

项目	0~14 日龄		15~28 日龄		29~40 日龄		0~40 日龄	
	1	2	1	2	1	2	1	2
耗料	0.606	0.70	2.305	2.467	2.986	3.040	5.951	6.132
增重	0.384	0.48	1.264	1.310	1.029	0.975	2.623	2.819
料肉比	1.578	1.458	1.824	1.883	3.061	3.118	2.269	2.175

注：1 为两个阶段饲养，2 为三个阶段饲养

（一）按照增重规律确定上市日期

从表5-4和表5-5北京鸭和樱桃谷鸭的增重规律看，6周龄之前的增重速度最快，饲料转化率最高，6周龄之后这两项指标均有所下降，8周龄之后这两项指标下降得更明显。因此，从饲养成本看肉鸭的合适出栏日期在6周龄前后，体重2.5千克以上。因此，理想的上市日龄在43~45日龄，不能迟于8周龄。出栏日龄过小，肉鸭的体重偏小，肌肉不丰满、羽毛处于更换期，其肉用价值不高。

（二）按照市场对产品规格的需求确定上市日期

目前，肉鸭的上市日龄大体有两种情况，30日龄前后和45日龄前后。30日龄前后肉鸭的体重1.9~2.2千克，屠宰后的屠体体重为1.5~1.75千克，此期的肉鸭肉质鲜嫩、皮下脂肪少，容易烹调，适宜于家庭炖食。但是，此时肉鸭的羽毛处于更换期，羽绒的价值很低。45日龄前后肉鸭的体重3.0~3.5千克，适宜于生产分隔鸭肉，这个时期肉鸭胸、腿着生肌肉较多，而分隔肉中以胸部和腿部肌肉最贵。同时，此时肉鸭的羽毛完成第一次更换，羽绒的利用价值较高。50日龄后，肉鸭的皮脂较多，消费者并不乐意消费。比如针对成都、重庆、云南等市场，由于消费水平和消费习惯的不同，出现大型肉鸭小型化生产（即养小鸭）。大型肉鸭的上市体重要求在1.5~2.0千克，一旦达到上市体重，就应尽快上市，而这个体重对大型肉鸭品种来讲，在28~30日龄。

（三）按照饲养效益确定出栏时间

肉鸭养殖户的生产目的在于获得最大的利润。而利润的高低取决于肉鸭的销售价格和生产性能（成活率、增重速度、饲料转化率）等。每只肉鸭的收入主要是销售单价（元/千克）与体重（千克）的乘积，成本部分主要是鸭苗的价格、饲料成本（饲料单价与总耗料量的乘积）进而其他成本（水电暖、工资、药物、折旧等）之和。饲养者通过肉鸭市场价格和饲料价格确定合适的出栏时间。例如，如果鸭苗成本高、商品肉鸭价格高、饲料价格适中就可以适当推迟出栏时间，如果鸭苗价格低、饲料价格高就可以适当提早出栏。

二、上市前严格执行休药期规定

鸭群进入上市销售阶段，绝对不得使用任何抗菌、促生长药物，特别是明令限用的药物。一般在上市 7～10 天以前停止使用各种药物和非营养性添加剂。

肉鸭出栏前至少 6 小时把饲喂设备移出舍外或升高，使肉鸭停止采食并防止捕捉过程中鸭子碰伤。适当提前停止喂料有助于排空肠道的内容物，减少抓鸭时的伤亡和屠宰时的污染。但停食后，应照常供给饮水，直至抓鸭装笼时停止，以防鸭体因长时间断水造成体重下降或死亡。

三、出栏肉鸭的捕捉与运输

抓鸭前，应该先用隔网将部分鸭群围起来，抓完一部分后，再围一部分，继续抓捕。这种抓法可减少残鸭，有效减少鸭因惊吓、拥挤造成踩鸭死亡。应注意的是每次围网鸭群的大小应视舍内温度、鸭体重和抓鸭人数而定。在鸭舍温度不高、鸭体重较小、抓鸭人数较多时，鸭群可适当大一些，同时还须有专人不定时地驱赶拥挤成堆的鸭群。炎热季节，肉鸭出栏时，所围的鸭群不超过 200 只。应力求所围起的鸭在 10 分钟左右抓捕完毕，以免鸭只因踩踏窒息死亡。

抓捕要迅速、准确，动作要轻柔。要尽量选在早、晚光线较暗、夏季温度较低时进行，也可将灯光调暗。

可握住鸭的颈部，提起轻轻放入鸭筐或周转笼中，严禁抓翅膀和提一条腿，以免出现骨折，造成鸭残。肉鸭出栏时，每筐装鸭不可过多，以每只鸭都能卧下为宜。

出栏肉鸭运送到屠宰场时，首先将鸭装筐，将鸭筐整齐码放到运输车上，筐与筐之间扣紧。装车后，用绳子将每一筐与运输车底部绑紧，防止运输途中因颠簸使鸭筐坠落。运输中减少颠簸，避免急刹车，途中检查鸭子状况。

第九节　肉鸭的屠宰加工

随着我国人民生活水平的提高和自我保健意识的逐步增强，人们愈来愈重视饮食与健康的关系，农产品消费需求正向优质、营养、安全的方向发展。就禽类产品来说，鸭肉具有高蛋白、低脂肪的特点，深受广大消费者的喜爱。本节将从肉鸭的屠宰加工工艺和设备两方面进行阐述，以实现产品加工规范，把控好鸭肉食品的各个环节。

按肉鸭的屠宰加工过程划分，可分为以下两个阶段：宰前管理、屠宰加工。

一、宰前管理

鸭子屠宰前的管理工作是十分重要的，因为它直接影响毛鸭屠宰后的产品质量。所谓毛鸭就是还没有进行屠宰的鸭子。屠宰前的管理工作主要包括宰前休息、宰前禁食和宰前淋浴3个方面。毛鸭在屠宰前要充分休息，以减少鸭的应激反应，从而有利于放血。一般需要休息12~24小时，天气炎热时，可延长至36小时。屠宰前一般需要断食8小时，但断食期间要注意供给清洁、充足的饮水。这样，不仅有利于放血完全，提高鸭肉的质量，最重要的是让鸭多喝水能够冲掉胃里的食料，进而提高鸭胗的质量。把鸭装车宜采用专用的鸭笼。装的时候最好把鸭头朝下。同时，要注意笼内鸭的数量不能过多，以免造成毛鸭伤翅等情况。鸭子怕热，且不能缺水，如果是夏天，为了提高鸭的成活率，还要给鸭淋浴。毛鸭在进场前要进行两项证件检查，分别是《动物检疫合格证明》、《动物及动物产品运载工具消毒证明》。

证件检查合格后，接着就要对毛鸭进行感官检查。观察鸭的体表有无外伤，如果有外伤，则感染病菌的几率会成倍地增加，不能接收。然后，察看鸭的眼睛是否明亮，眼角有没有过多的黏膜分泌物，如果过多，表明该鸭健康状况不好，属于不合格鸭，应该拒收。最后检查鸭的头、四肢及全身有无病变。经检验合格的毛鸭准予屠宰，并开具《准宰/待宰通知单》。接下来就可以进入屠宰阶段了。

二、屠宰加工

从工艺流程上来分，鸭的屠宰工艺包括：吊挂、致昏、放血、烫毛、打毛、三次浸蜡、拔鸭舌、拔小毛、验毛、掏膛、切爪、内外清洗工作、预冷等步骤。

（一）吊挂

首先将毛鸭从运载车上卸下来，然后轻轻地把鸭子从笼中提出来，双手握住鸭的跗关节倒挂在鸭挂上。

（二）致昏

致昏就是要将待宰鸭通过各种方法，使其昏迷，从而有利于下一步的屠宰工作。目前，使用最多的致昏方法是电麻法。所谓电麻法就是利用电流刺激使鸭昏迷。使用电压通常为 36～110 伏。我们可以设一个电击晕池，池底有电流通过，里边装满水，当毛鸭经过这里时，一触电就会自然晕厥。

（三）放血

给鸭放血最常用的方法是口腔放血。一般采用细长型的屠宰刀。

屠宰刀要经过氯水消毒以后才能使用。具体方法是：把刀深入鸭的口腔内，割断鸭上颌的静脉血管，头部向下放低来排净血液，整个沥血时间为 5 分钟。

（四）烫毛

给毛鸭放完血后要进行烫毛。首先要先通过预烫池。预烫池的水温在 50 ~ 60℃，通过强力喷淋后进入浸烫池。浸烫池的水温控制很关键，直接影响到鸭的脱毛效果。一般把温度调整在 62℃ 左右就可以，整个浸烫过程需要 2 ~ 5 分钟。

（五）脱羽

目前，成规模的屠宰场都采用机械脱羽，也称为打毛，机械脱羽一般脱毛率可以达到 80% ~ 85%。

（六）三次浸蜡

鸭子在经过打毛以后，身上大部分的毛已经脱落，但是，仍然有一小部分毛还存留在鸭体上。为了使鸭体表的毛脱落得更干净，我们可以借助食用蜡对鸭体进行更彻底的脱毛。在这之前，要先用小木棍将鸭的鼻孔堵上，以免进蜡。

通常，我们将浸蜡槽的温度调整在 75℃ 左右。当鸭子经过浸蜡池时，全身都会沾满了蜡液，在快速通过浸蜡池后，还要经过冷却槽及时冷却，冷却水温在 25℃ 以下，这样，才能在鸭体表结成一个完整的蜡壳，然后再通过人工剥蜡，最终使鸭体表小毛进一步减少。每只鸭子都要经过 3 次浸蜡、3 次冷却、3 次剥蜡，才能达到最终的脱毛效果。

在这个过程中要保证浸蜡槽温度的稳定，避免温度过高或过低，如果温度太高，就会使得鸭体表的蜡壳过薄，导致脱毛效果变差，严重者还会导致鸭体被烫坏；而温度过低，蜡壳过厚，脱毛效果也会变差。另外，为了不浪费原料，剥下来的蜡壳还可以放在旁边的溶蜡池里融化后继续使用。在最后一次冷却完毕后，要及时将鸭鼻孔上的木棍取下来，然后再进入下一道工序。

（七）拔鸭舌

浸蜡过程完毕后，要拔鸭舌。这里我们采用尖嘴钳。尖嘴钳在使用前要先经过消毒处理。只要用尖嘴钳夹住鸭舌，然后向外拔出即可。拔下来的鸭舌要放入专门的容器里存放。

（八）拔小毛

经过打毛和三次浸蜡后，鸭体表的毛看似已经完全脱落，但体表深处的一些小毛仍然没有脱掉，这时候就要借助人工拔毛。拔小毛使用的工具主要是镊子。这个操作一般在水槽中进行。因为只有在水里，鸭体上的小毛才会立起来，看得更清楚。

首先，用小刀将鸭嘴上的皮刮掉，然后，按照从头到尾的顺序小心地用镊子将鸭体表残留的小毛摘除干净。这个过程看似简单，但需要有足够的细心和耐心，拔毛的时候要注意千万不可损伤到鸭体，否则容易感染细菌。万一有破损的鸭体，要将其放在一旁，最后再单独处理。

（九）验毛

拔完小毛的鸭子要交给专职的验毛工进行检验。如果发现有少量的毛还没有拔干净，检验人员还要再重新返工，直到鸭体上的小毛全部拔干净为止。

毛净度检验合格后要及时将鸭子挂上掏膛链条进行下一个步骤。

（十）掏膛

等鸭子到位停稳后，工作人员要用消毒后的刀沿着鸭下腹中线划开鸭膛，然后依次掏出鸭肠、鸭胗、食管、鸭心肝、板油、肺、气管等内脏。掏出来的内脏分别装入容器来存放。使用的刀具每30分钟要消毒1次。

(十一) 切爪

掏完膛后进行切爪操作。切爪用的刀必须经过消毒以后才能使用。用刀沿着鸭腿跗关节处切开，然后把切掉的鸭爪放到专门的容器里。

(十二) 内外清洗工作

由于刚掏完膛，鸭的体表以及腹内会存在一些血污，所以，还要对鸭进行内外清洗工作。用水将它内外清洗干净，最终使胴体表面无可见污物。洗完后随着链条进入预冷消毒池。

(十三) 预冷

预冷是屠宰工艺的最后一道工序。预冷池内水温不得超过 4℃，一般在 2℃ 左右就可以。在预冷过程中，要不定期地往池内添加次氯酸钠，预冷池的有效次氯酸钠浓度始终保持在 0.02% ~ 0.03%。通过这个步骤，可以将掏膛期间的细菌感染率降低到最低，起到消毒的目的。冷却后的肉鸭胴体中心温度保持在 10℃ 以下，整个预冷时间为 40 分钟。预冷完毕后，进行沥水以便进入胴体分割阶段。

(十四) 分割

鸭屠宰后的分割主要包括胴体分割和副产品加工两大部分。对鸭胴体分割主要是按照分割后的加工顺序对肉鸭胴体进行分割去骨，通常分为鸭头、鸭脖、鸭翅、鸭爪等；副产品加工主要是对掏出的心、肝、胗、肠等内脏及爪、舌等副产品按照加工要求，分别进行加工。

胴体分割完以后，要进行称重、包装。包装袋要经检验，合格、无菌的才可使用。包装后的产品要及时入 -35℃ 库进行速冻，冰鲜的产品则放入 -8℃ 库存放。

（十五）包装、冷藏

产品经过称重、包装、分级、冷藏、保鲜后就可以出厂了。鸭肉食品的安全是一个系统工程，环节众多，控制过程复杂，这就要求工作人员有认真负责的工作态度，熟练掌握基本操作技能，才能生产出安全、绿色的鸭肉。

第六章 肉用种鸭的标准化饲养管理

现代肉鸭主要采用品系配套杂交，分级制种，以充分利用杂种优势。目前商品代肉鸭可以用二系（元）杂交制种，也用三系（元）杂交和四系（元）杂交制种，该繁育体系包括曾祖代场、祖代场、父母代场、商品代场。

第一节 育雏期的饲养管理

现代肉鸭的父母代种鸭育雏期为 0~4 周龄。育雏期的培育是为育成鸭和成年鸭打好基础。因此须采取科学的饲养管理，才能培育出优良的种雏。

一、管理方式

雏鸭采用舍饲的饲养方式，一般采用网上平养或地面平养。

二、营养条件

必须饲以全价配合颗粒料（用于 2 周龄前）或粉料均可。作种用的雏鸭营养要求不同于商品代肉鸭，只要达到其最低营养需要量即可。

三、育雏准备

在进雏前 1 周，做好房舍及用具的消毒，进雏前 48 小时，打开经消毒的鸭舍门窗，提前 12~24 小时将育雏室预温，把温度提上去，并加满料槽、水槽。

四、种苗的选择与运输

目前，大多数种鸭场饲养的是父母代种鸭，需要从祖代种鸭场购买种鸭苗。种鸭场要有引种证明、种畜禽生产经营许可证、动物防疫合格证。要充分了解祖代鸭场的防疫情况、疫病流行情况，不能从疫区和发病的种鸭场购买。了解种鸭场的饲养管理水平及以往种苗购销情况、生长情况。确定好种苗供应场以后，明确供需双方的责任和义务，达成共识后签订购销合同，确保双方利益。

种鸭个体选择，要从精神、体格、羽毛等多方面考虑，要求精神饱满、体格中等、羽毛金黄色、健康，脐部愈合良好，蛋黄吸收良好。有些供应场家往往多给一定比例的种鸭苗作为途中死亡补偿，要记住不能要弱残苗。鸭苗公母要标记号。附带的种鸭饲养管理手册要保管好，作为今后饲养管理的参考依据。供苗场要提供引种证明和当地畜牧兽医主管部门出具的检疫合格证，并在运输中随车携带，以便检查。

运输车辆要手续齐备、车况良好、严格消毒。短距离运输，要注意保暖、通风、防雨淋；长距离运输最好能使用冷暖空调车。车厢内温度控制在26℃以上，夏季中午不要超过33℃。运输途中，每隔2~3小时对鸭绒毛喷水1次，尽量让鸭苗这时候就能饮上水珠，达到"开水"的目的，也可避免鸭苗脱水。

五、饲养技术

肉用种雏鸭开水、开食方法同商品肉鸭。

（一）饮水

应充分饮水。前3天，还可以在水中加维生素C、葡萄糖等，以减少环境改变引起的应激。

（二）饲喂

种雏鸭的喂料量可以按规定的日粮标准分次饲喂，也可以按照规定次数每次喂饱。1~7 日龄，自由采食，白昼、夜晚皆喂料。1
日龄可以 1 个小时喂 1 次，每次量不宜多，以饱而不浪费为原则；
8~14 日龄，逐渐减少夜间喂料时间，到 14 日龄时夜晚不喂料；
15~21 日龄日喂 3 次，22~28 日龄日喂 2 次。27~28 日龄的喂料内
分别加 25%和 50%的育成期饲粮。樱桃谷鸭 SM 型父母代种鸭 28 日
龄内的喂料量标准见表 6－1。

表 6－1 樱桃谷鸭 SM 型父母代种鸭饲喂量标准（0~28 日龄）

日龄	日喂量/ （克/只）	累计/克	日龄	日喂量/ （克/只）	累计/克
1	5.1	5.1	15	75.8	606.3
2	10.1	15.2	16	80.8	687.1
3	15.2	30.3	17	85.9	773.0
4	20.2	50.5	18	90.9	864.0
5	25.2	75.8	19	96.0	960.0
6	30.3	106.1	20	101.0	1 061.0
7	35.4	141.5	21	106.1	1 167.0
8	40.4	181.9	22	111.2	1 278.3
9	45.5	227.4	23	116.2	1 394.5
10	50.5	277.9	24	121.3	1 515.7
11	55.6	333.5	25	126.3	1 642.0
12	60.6	391.1	26	131.4	1 773.4
13	65.7	459.8	27	136.4	1 909.8
14	70.7	530.5	28	141.5	2 051.3

六、管理技术

（一）分群

按育种公司的比例一套或二套/群，一般一套鸭数量为 140 只，
公母混养。

（二）温度

育雏伞四周围护雏圈。1 日龄伞下温度 34 ~ 36℃，圈内 29 ~ 31℃，棚内室温 24℃。加温视鸭舍和气温而定，夏、秋两季白天温度超过 27℃ 时可以不加温；温度偏低或夜间，尤其在特别寒冷时应该加温，满足雏鸭对温度的要求。降温要逐步进行，前期可每日降温 1℃，后期每日降 2℃ 或隔日降 1℃。总之，在 21 日龄前能适应自然温度。若到时温度低于 5℃，应加温使室内达到 15 ~ 18℃。

（三）光照

1 ~ 3 日龄用白炽灯 5 瓦/米^2，每日 23 小时光照，1 小时黑暗。4 日龄逐渐减少夜间的补充光照，直至 4 周龄结束时与自然光照时间相同。如果到 4 周龄时，每天的自然光照时间是 9 小时，那么 4 日龄时每天就要减少 1 小时补充光照，以后隔日减少 1 小时或每 4 日减少 2 小时补充光照。

（四）密度

1 周龄至多 25 只/米^2 雏鸭，2 周龄 10 只/米^2，3 周龄 5 只/米^2，4 周龄 2 只/米^2。

（五）称重

28 日龄早上空腹称重，每群按公母鸭比例 10% 称重。若一群少于 140 只鸭，则公鸭要按 50% 以上比例称重。种雏鸭以育雏结束时，体重与规定标准相差不超过 ±2% 为最好。

第二节　育成期的饲养管理

育成期指 5 ~ 26 周龄，结束之后即是产蛋期，能否保持产蛋期的产蛋量和孵化率，关键是在育成期能否控制好体重和光照时间。

一、管理方式

肉用种鸭育成期一般采用半舍饲管理方式。

二、营养条件

育成期饲以全价饲粮，可以用粉料，也可以用颗粒料。因为粉状饲料容易产生饱感，而育成期又要采取限制饲喂，所以加水调制成湿拌料饲喂较好。颗粒料的直径为5~7毫米。

三、限制饲喂和体重检测

（一）饲喂量的确定

目前，世界各地普遍采用限制喂料量的办法来控制种鸭的体重。同时，随着种鸭体重、日龄的增长，适当降低饲料的能量和蛋白质水平。喂料量的确定是根据种鸭群的实际平均体重与标准体重进行比较，以确定种鸭的喂料量。不同生产途径的种鸭有其不同的标准体重，必须按照标准体重来控制饲喂量。天府肉鸭父母代种鸭、樱桃谷鸭父母代种鸭、北京鸭种鸭标准体重见表6-2至表6-4，狄高种鸭育成期日粮定额见表6-5。

表6-2　天府肉鸭父母代种鸭标准体重　　　　（千克）

周龄	母鸭	公鸭	周龄	母鸭	公鸭
4	1.205	1.43	16	2.435	2.76
5	1.455	1.68	17	2.505	2.83
6	1.655	1.93	18	2.525	2.86
7	1.805	2.13	19	2.545	2.89
8	1:875	2.2	20	2.565	2.92
9	1.935	2.26	21	2.585	2.95
10	1.995	2.32	22	2.605	2.98
11	2.075	2.4	23	2.625	3.010

（续表）

周龄	母鸭	公鸭	周龄	母鸭	公鸭
12	2.155	2.48	24	2.675	3.07
13	2.225	2.55	25	2.725	3.13
14	2.295	2.62	26	2.775	3.19
15	2.365	2.69			

表 6-3　樱桃谷鸭父母代种鸭标准体重　（千克）

周龄	母鸭	公鸭	周龄	母鸭	公鸭
4	0.967	1.112	16	2.752	3.107
5	1.335	1.532	17	2.785	3.14
6	1.757	2.015	18	2.807	3.16
7	1.945	2.226	19	2.851	3.204
8	2.133	2.439	20	2.885	3.327
9	2.21	2.523	21	2.918	3.269
10	2.287	2.606	22	2.962	3.313
11	2.365	2.691	23	2.996	3.346
12	2.442	2.774	24	3.04	3.39
13	2.52	2.858	25	3.072	3.421
14	2.597	2.941	26	3.105	3.452
15	2.675	3.025			

表 6-4　北京鸭种鸭标准体重　（千克）

周龄	母鸭	公鸭	周龄	母鸭	公鸭
4	1.4	1.6	12	2.7	3.15
5	1.65	1.9	13	2.75	3.2
6	1.85	2.2	14	2.8	3.25
7	2.1	2.6	15	2.85	3.3
8	2.3	2.8	16	2.9	3.35

（续表）

周龄	母鸭	公鸭	周龄	母鸭	公鸭
9	2.45	2.95	17	2.95	3.4
10	2.55	3.05	18	3	3.45
11	2.6	3.1	19	3.05	3.5

表6－5 狄高种鸭育成期日粮定额

周龄	饲料量/（千克/100只）	周龄	饲料量/（千克/100只）
4～5	12～14	21～24	15～17
6～11	13～14	25～产蛋	16～18
12～20	14～16.5		

具体限喂量可参考下列方法确定。

从5周龄开始完全改喂育成期日粮，每日每只给料150克（或按育种公司提供的标准给料确定给料量）。28日龄早上空腹称重，计算出每群公、母鸭的平均体重，与标准体重比较，标准范围±2%内皆为合格，然后按各群的饲料量给料。

以后直到23周龄，每周第一天早上空腹称重，比例为10%（公鸭可按20%～50%）。若低于标准体重，则增加10克/（只·日）或5克/（只·日）；若高于标准体重，则减少5克/（只·日）。若增加（或减少）饲料还没有达到标准，则再增加10克或5克（或减少5克）。当达到标准体重时，下周按150克/（只·日）饲喂。确保公母鸭接近标准体重。

（二）限喂方法

一种是按限饲量将1天的全部饲料1次投入，或早上投料70%，下午投料30%；另一种是把两天应喂的饲料量1天1次投入，第二次不喂料，称为隔日限饲。实践证明隔日限饲的效果更佳。无论哪种限饲法，在喂料当天的第一件事都是早上4时开灯，按每群分别称料，然后定时投料。

（三）限饲时注意事项

1. 保证有足够的采食饮水位置

在限制饲养时，由于喂料量的减少，种鸭常处于饥饿状态，喂料时争夺激烈，假如饲槽、水槽的位置不够，必定有的鸭吃不到食、喝不到水，影响群体的正常体重和整齐度。因此，每只鸭要保证有15～20厘米长度的饲槽位置、10～15厘米长的水槽位置，做到喂料时几乎每只鸭都能吃到料、喝到水。食槽不够时，可把饲料直接撒到干燥的地面上饲喂。

2. 称重必须空腹，称重要准确

掌握种鸭确切的体重，对于正确确定种鸭的喂料量很有必要。

3. 一般正常鸭群在4～6小时吃完饲料

喂料不改变的情况下，应注意观察吃完饲料所需时间的改变。

4. 从开始限饲就应整群

将体重轻的鸭、弱的小鸭、伤残的鸭单独饲养，不限制饲养或少限制饲养，直到恢复标准体重后再混群限饲。

5. 照顾好弱小个体

限饲过程中可能会出现个别死亡，更应照顾好弱小个体。

6. 把光照控制与体重控制、喂料量的控制结合起来

光照控制与体重控制、喂料量的控制结合起来配套使用，是控制鸭群性成熟和适时开产最有效的方法。

7. 吃料要均匀

喂料在早上1次投入，加好料后再放鸭吃料，以保证每只鸭都吃到饲料，若每日分2次或3次投料，则抢食能力强的个体几乎每次都吃饱，而弱小个体则过度限饲，影响群体的整齐度。

四、光照控制

此期光照原则是不要延长光照时间或增加光照强度，以防过早性成熟。5～20周龄，每日固定9～10小时的自然光照，实际生产中

多在此期采用自然光照。但若日照是逐渐增加的，则与光照原则相矛盾，不利于后期产蛋。解决办法是将光照时间固定在19周龄时的光照时间范围内，不够的人工补充光照，但应注意整个育成期固定光照以不超过11小时为宜。若日照渐减，就利用自然光照。而21周龄开始到26周龄，逐渐增加光照时间，直到26周龄时达到17小时的光照。由20周龄时的光照时间与26周龄开始的17小时光照的差值计算出每周或每周2次应增加的光照时间，分别在早上和晚上增加，直到26周龄时肉鸭从4~21时接受光照。下面的加光时间可供参考。

21周　天黑开灯，晚上6时关灯。

22周　天黑开灯，晚上6时关灯。

23周　天黑开灯，晚上7时关灯。

24周　早上5时开灯，天亮关灯，天黑开灯，晚上8时关灯。

25周　早上4时开灯，天亮关灯，天黑开灯，晚上8时关灯。

28周　早上4时开灯，天亮关灯，天黑开灯，晚上9时关灯。

以后采用每天17小时的光照时间。开关灯时间要固定，不要随便变更。人工光照的补充方法：灯高2米，每15米^{2}地面设1只15瓦灯泡。

五、转群

如果产蛋种鸭在原舍内饲养，就无需转群；但如果育成鸭舍和产蛋鸭舍是分开的，在育成后期就需要转群。

转群时间一般安排在19周龄或20周龄，最晚不晚于22周龄，转群过晚，由于部分鸭临近开产，转群会影响鸭群体重的增加，因而会影响这部分鸭的正常开产或不能按时达到产蛋高峰。只要鸭群体重和日龄符合标准要求则可安排时间转群。

炎热的夏季应选无雨天气、温度较低的清晨或夜间进行转群，也可考虑换上绿灯泡；寒冷的冬季应选择中午或下午无大风时进行转群，可免去鸭群挨冷受冻。根据鸭群体重大、中、小划分，计算每只鸭的喂料量，并称出每日或每次的喂料量，以便转完群时饲喂。

转群时，尽量减少两舍间的温差，在冬季或早春，应在种鸭入舍前 2~3 天提前给鸭舍升温，使其和原来鸭舍温度一样。应在种鸭喂料前进行转群，在转群前 6~7 小时应停料，以免喂料过晚，转群时剩料较多或鸭采食过饱，造成更大的应激。转群前后 3 天，在饲料中或饮水中添加电解多维，如速补－14、维生素 C 等，以减少应激反应和鸭体能消耗过大。管理人员事先应了解所要转鸭群的免疫情况，以及要转入的鸭舍曾发生过什么疾病等，以便在转群后采取相应措施。

转群时为使工作顺利、快捷，并避免人员交叉感染，一般将人员分为抓鸭、运鸭和接鸭三组，并安排专人计数，以保证适宜的饲养密度。按鸭的大小强弱分别入筐，并彻底清点鸭数。装鸭的运输筐每平方米可容 6~8 周龄鸭 15~20 只，17~18 周龄鸭 8~10 只，严防过密而造成拥挤。短途（100 米内）可以通过哄赶，如果运输距离较远，则要采用合适的运输工具，尽量缩短运输时间，要求车辆行驶平稳。防止剧烈摇晃，通风良好，做到安全转群。转出的鸭要尽快进入所转入的种鸭舍。避免鸭长时间聚集窒息死亡。运输人员最好不进鸭舍，在运输过程中要做到既快又稳，严防鸭在中途跑掉或受到惊吓。放鸭人员首先对鸭的数量进行复查、核实，同时按照管理人员的要求，在种鸭舍内由里到外进行合理放置。放鸭时要轻拿轻放，不可猛扔硬摔，以免鸭群受到更大的伤害。抓鸭时，先将育雏或育成舍的灯关掉一大部分，使光强度变暗，鸭群安静，容易抓住。抓鸭时饲养人员动作要轻、快、准、稳，不应强拉硬扯，不要粗暴地抓头、翅膀，更不可划伤鸭只，宜抓颈部，不宜抓脚。另外，每次饲养人员不可抓鸭太多，避免造成不必要的损伤。

转群的当天最好不限饲，以免转群后有的鸭找不到料位，有的抢食严重造成更大的应激。光照时间应尽量延长。让鸭只尽快适应新的环境。尤其是饮水或喂料系统发生变化时，更应注意鸭群的采食和饮水情况，保证整群鸭能尽快地进行正常的采食和饮水，对刚转入的鸭群应先供应 4%~5% 葡萄糖饮水，过 1~2 小时再喂食，有利于鸭群的稳定。环境变了，鸭易惊群，饲喂时动作要尽量轻、慢，并加强检查，以免鸭有意外发生。其次，种鸭舍的温度、湿度、通风、光照等环境条件应尽量和原鸭舍保持一致，饲养人员最好也不要更换，以便更好地照顾自己较熟悉的鸭群。当鸭群稳定1周后，再依次进行注射、补充光照、换料等一些应对应激的管理方案。对于鸭群所喂的饲料量、喂料时间、光照强度的调整等尽可能循序渐进。转群完毕，关闭灯源，减少一切噪声，让鸭群尽快安静下来，保证鸭群有充足的休息时间，恢复体力。

按照免疫程序备好所需疫苗，待转群后适时接种。如果遇到拉稀等不正常情况应对症治疗，以防止应激持续而发生意外，必要时日粮中可添加抗生素。

六、开产前饲料量的调整

在24周龄开始改喂产蛋期饲粮和增加饲喂量。一种方法是24周龄开始连续4周加料，每周增加25克产蛋期饲粮，4周后完全进入产蛋期饲料，自由采食；另一种方法是24周龄起改用产蛋期饲粮，并在23周龄饲喂量的基础上，增加10%的饲料，产第一个蛋时，在此基础上增加饲喂量15%。如23周龄饲喂量为140克/（日·只），则下周龄喂料为154克，产第一个蛋时喂料177克。正常鸭群26周龄开产，并达到5%产蛋率。

第三节　产蛋期的饲养管理

产蛋期（27周龄至产蛋结束）的饲养目的是产蛋量高、受精率和孵化率高。要做到这一点，也必须进行科学的饲养和管理。正式进入产蛋期后，各种饲养管理日程要稳定，不轻易变动，以免产蛋率急剧下降。产蛋高峰时更应如此。

一、饲喂方法

从22周龄开始，逐步由育成料换成产蛋料，要有5~7天的过渡期，不能太快。

鸭的喂料量可按不同品种的饲养手册或建议喂料量进行饲喂，最好用全价配合饲料或湿拌料。鸭有夜食的习惯，而且在午夜后产蛋，所以，晚间给料相当重要，一般喂给湿料。喂料方法有两种，一种是顿喂，每天 4 次，时间间隔相等，要求喂饱；另一种是昼夜喂饲，每次少喂勤添，保证槽内有料，也不使槽内有过多的剩料。其优点是每只鸭吃料的机会均等，不会发生抢料而踩踏或暴食致伤的现象，对肉种鸭来说比较合适。

定期随机抓几只鸭，检查其腹部大小和柔软程度，以判断其肥瘦程度，可以作为调整饲喂量的重要参考依据。

用颗粒饲料时，可用喂料机来喂，既省力又省时。无论采用哪一种饲喂方法，都应供给充足的饮水，并且每天刷洗水槽，保证清洁的饮水，水的深度要没过鸭的鼻孔，以便清洗鼻孔。

二、产蛋箱的准备与种蛋的收集

育成鸭转入产蛋舍前，在产蛋舍内放置足够的产蛋箱，如果不换鸭舍则在育成鸭 22 周龄时放入产蛋箱。产蛋箱的尺寸为长 40 厘米、宽 30 厘米、高 40 厘米，每个产蛋箱供 4 只母鸭产蛋，可以将几个产蛋箱连在一起，箱底铺上松软的垫草或垫料，当垫草或垫料被污染时则要随时换掉。保证种蛋的清洁，提高孵化率。产蛋箱一旦放好，不能随意变动。

刚开产的母鸭产蛋时间集中在凌晨 1 ~ 5 点。随着母鸭产蛋日龄的增长，产蛋时间稍稍推迟，到产蛋中后期，多数母鸭集中在早上 6 ~ 8 点产蛋。日常饲养管理中，要掌握母鸭产蛋时间的变化规律，确定集蛋的时间。种蛋收集越及时，就越干净，破损率就越低。初产母鸭产蛋时间比较早，可在凌晨 4 点 30 分开灯捡第一次蛋，捡完后就关闭照明灯，以后每半小时捡蛋 1 次。如果饲养管理正常，母鸭基本在早晨 7 点以前就产完蛋。夏季气温高，冬季气温低，要及时捡蛋，避免种蛋受凉或受热，影响种蛋品质。有少数的鸭产蛋迟，鸭又在产蛋箱中过夜，这样使蛋变脏或被孵，影响到种蛋的正常孵化，因此，饲养员可在临下班前再捡一次蛋。

收集好的种蛋要及时消毒，然后送入蛋库保存，不合格的种蛋要及时处理。

生产中可以根据种蛋的破损率、畸形率、鸭的产蛋率的多少及变化来检验饲养管理是否得当，并及时采取有效措施予以调整。

三、减少窝外蛋

所谓窝外蛋，就是种鸭把蛋产在产蛋箱外，如鸭舍地面或运动场上。窝外蛋比较脏，破损率高，孵化率较差，并且往往是疫病的传染源，降低了种鸭的饲养效益。因此，一般都不把窝外蛋当做种蛋用。

饲养管理过程中，要加强管理，尽量减少窝外蛋。开产前，应尽早在鸭舍内安放好产蛋箱，最迟不得晚于 22~24 周龄，保证每 4 只母鸭一个产蛋箱；随时保持产蛋箱内垫料新鲜、干燥、松软；初产时可在产蛋箱内设置一个"引蛋"，以养成母鸭在产蛋箱内产蛋的良好习惯；及时把舍内和运动场上的窝外蛋捡走；严格按照种鸭饲养管理作息程序规定的时间开、关灯。

四、加强季节管理

南方春季管理的重点是防霉、通气，敞开门窗，充分通风，勤换垫料，保持舍内干燥，疏通水沟，运动场不可积污水，严防饲料发霉变质，定期消毒鸭舍；夏季管理的重点是防暑降温，敞开门窗，装上排风扇，搭设遮阳棚，适当疏散鸭群，减少饲养密度；秋季要补充人工光照，使每天光照时间不少于 17 小时，光照强度 5~8 勒克斯；冬季注意防寒保暖，保持一定的光照时间，提高单位面积饲养密度，每平方米可以达到 8~9 只，关好门窗，防止贼风。

五、加强种鸭的运动

运动对鸭的健康、食欲、产蛋量都有很大的关系。运动分舍内与舍外两种，舍外有水陆两种形式。冬天在日光照满运动场时放鸭出舍，傍晚太阳落山前赶鸭入舍。冬天运动场最好要铺草。舍外运动场每天清扫1次。每天驱赶鸭群运动40~50分钟，分6~8次进行，驱赶运动切忌速度过快。舍内外要平坦，无尖刺物，以防伤到鸭子。舍内的垫草要每天添加，雨雪天气则不放鸭出舍；夏季天气热，每天5时或6时早饲后，将鸭子赶到运动场或水池内，让鸭自由回舍，天晴时可让鸭露宿在有弱灯光的运动场上。要在运动场上搭设凉棚遮阴。鸭得到了充足的运动，能保持良好的食欲和消化能力，产蛋率较高。

六、种公鸭的管理

种鸭群中的公母比例合理与否，关系到种蛋的受精率。一般肉用种鸭公母配比为1∶（4~5）左右，有条件的可按1∶7的比例混养。公鸭过少则影响受精率，可从备用公鸭中补充。公鸭过多也会引起争配而使配种率降低。还要及时淘汰配种能力不强或有伤残的公鸭。对种公鸭的精液进行品质检查，不合格的种公鸭要淘汰。公鸭要多运动，保持健康的体况，才会有良好的繁殖能力。

七、预防应激反应

要有效控制鼠类和寄生虫，并维持种鸭场周围环境清洁安静，保持环境空气尽可能的新鲜，必要时可调节通风设备，使环境温度在适宜范围内。寒冷地区温度应维持在0℃以上。

八、做好免疫

种鸭群要做好以下免疫。

鸭流感灭活苗免疫：种鸭群在产蛋前2~4周用灭活苗免疫，每羽肌内注射1.0~1.5毫升Ⅰ号剂型灭活苗。在产蛋前免疫后2个月左右再进行1次免疫，每羽肌内注射1~1.5毫升Ⅰ号剂型灭活苗。

禽霍乱灭活苗免疫：按常规免疫。

鸭瘟活苗免疫：按常规免疫。

雏鸭病毒性肝炎活苗免疫：种鸭群在产蛋前2周用活苗免疫，

免疫后 120 天内炕孵的雏鸭群对该病有较高的保护率。

九、种鸭饲养效果的检查

育雏期和育成期饲养效果可从体重和成活率体现出来。种雏饲养得好，体重在标准范围内，育雏率可达 90% 以上，育成期成活率可达 90% ~ 95%。产蛋期可以用产蛋期死淘率、产蛋高峰孵化率、全程产蛋孵化率和受精率来衡量。樱桃谷鸭及北京鸭的大型配套系全程产蛋可达 230 ~ 260 枚/只，孵化率 75% ~ 85%，受精率 90% 左右，而死淘率仅每个月 1%。种鸭的产蛋曲线除了反映出品种的生产性能以外，更重要的是反映了育成期和产蛋期饲养管理工作的好坏。一般正常产蛋率在 26 周龄达到 5%，28 ~ 30 周龄达到 15%，33 ~ 35 周龄达到 90% 或 90% 以上，进入产蛋高峰期。产蛋高峰期可持续 1 ~ 3 个月，平均 1 个半月，高者可达 4 个月。如果在生产过程中各项指标与标准相差太大，则应及时采取措施。

第四节　樱桃谷 SM3 父母代种鸭标准化饲养管理要点

我国饲养樱桃谷 SM3 父母代肉用种鸭的量大，其标准化饲养管理可参考表 6 – 6 执行。

表 6 – 6　樱桃谷 SM3 父母代种鸭标准化饲养管理要点

饲养阶段	育雏 0 ~ 4 周	育成 4 ~ 18 周	产蛋前 18 ~ 25/26 周	产蛋期 25/26 ~ 74/76 周
鸭舍	良好隔离，彻底清洗和消毒，避免地面风	具有在不利气候情况下保护鸭子的基本设施，足够的通风，始终提供新鲜、干净的环境 在炎热气候地区，鸭舍的设计需要特殊的考虑		

饲养阶段	育雏 0~4 周	育成 4~18 周	产蛋前 18~25/26 周	产蛋期 25/26~74/76 周
饲养面积	每 300 只鸭子，一个直径 4 米的育雏圈，从第 2 天起，逐渐增加育雏圈直径，在 7~21 日龄期间，提供 0.2 米²/只的饲养面积，在 28 日龄时，将饲养面积增加到 0.45 米²/只	提供 0.45 米²/只的饲养面积	在 18~20 周龄，将鸭子移入产蛋栏圈，将饲养面积增加到 0.55 米²/只	每只鸭子 0.55 米²/只饲养面积
加热	育雏器下方 35℃，在 28 天内，逐渐将温度降低到环境温度	通常不需要人工加热	通常不需要人工加热	如果鸭舍温度低于 1℃，需要额外加热；在鸭舍里使用自然冷却，有助于增加产蛋能力
饮水	初始 28 天内，每 100 只鸭子提供一自动饮水器，最初的 2 天，每 100 只鸭子另加一喷泉饮水器，在到达后的 4 小时内，饲料盘内加额外的水	每 250~300 只鸭子提供一个 2 米长的饮水槽（至少每只鸭子 13 毫米的饮水空间）	每 250~300 只鸭子提供一个 2 米长的饮水槽（至少每只鸭子 13 毫米的饮水空间）	每 250~300 只鸭子提供一个 2 米长的饮水槽（至少每只鸭子 13 毫米的饮水空间）
饲料类型	初始期饲料	初始期饲料至 8 周，然后使用生长期饲料	生长期饲料至 20 周，然后使用产蛋期饲料	产蛋期饲料
喂料设备	每 100 只鸭子一只喂料盘，16 天后逐渐改为地面喂料，使用称盘称量每天的喂料量	称盘用于每星期的体重检查和称量每天的喂料量	每 250 只鸭子一个长 2 米、两边进料的喂料箱（每鸭 16 毫米的喂料空间）。喂料箱必须带有盖子，以便控制喂料	每 250 只鸭子一个长 2 米、两边进料的喂料箱（每鸭 16 毫米的喂料空间）。喂料箱必须带有盖子，以便控制喂料
喂料方法	每天按规定量喂料。在炎热气候下，在接近最初的 28 天时，每天的喂料量略低于规定量	根据平均体重和生长期目标体重的关系，每周调整喂料量	每周增加喂料时间，以使在 21 周时，喂料时间达到每天 7 小时	维持 7 小时的喂料时间至蛋重稳定，然后调节喂料时间使蛋重达到 90 克（大型和中型）或 93 克（特大型）

（续表）

饲养阶段	育雏 0~4 周	育成 4~18 周	产蛋前 18~25/26 周	产蛋期 25/26~74/76 周
光照	第 1 天 23 小时，以后每天减少 1 小时，以至第 7 天时 17 小时，然后每天维持 17 小时的光照时间	每天 17 小时光照，4:00~20:00	每天 17 小时光照，4:00~20:00。随着鸭子接近产蛋期，夏季逐渐改变光照为 18 小时（2:00~20:00）	每天 17 小时光照，4:00~20:00。夏季逐渐改变光照为 18 小时（2:00~20:00）
公母比例	母鸭单独饲养，公鸭单独饲养，但每 4.5 只公鸭应伴有 1 只母鸭	母鸭单独饲养，公鸭单独饲养，但每 4.5 只公鸭应伴有 1 只母鸭	在 18~20 周之间的任一时间，将公母鸭以 1 只公鸭 5 只母鸭的比例混合饲养	整个产蛋期，1 只公鸭 5 只母鸭混合饲养
垫料	较薄地撒在栏圈地面上，以保持鸭舍的干燥和鸭子的干净			
产蛋巢			在 22 周，按每 3 只母鸭 1 只产蛋巢的比例提供	整个产蛋期，按每 3 只母鸭 1 只产蛋巢的比例提供
记录	死亡数、剔除数、栏圈日常检查	死亡数、剔除数、体重、喂料量、栏圈日常检查	死亡数、剔除数、栏圈日常检查。产蛋栏圈的产蛋鸭子数	死亡数、剔除数、产蛋量、喂料时间、蛋重，日常栏圈检查
总体饲养管理	鸭子到达前，彻底清洗和消毒鸭舍，预先调查疾病情况，并准备好必要的疫苗，将一日龄鸭清点入育雏圈	特别注意体重的控制和饲料的分布，以保证鸭只个体均匀	准确清点鸭子进入产蛋栏圈，在一天中最热的阶段避免干扰鸭子	小心观察每天的产蛋量，如任何一天产蛋量降低 10%，立刻调查原因。在一天中最热的阶段避免干扰鸭子

第七章 肉鸭标准化规模养殖场户的经营管理

第一节 养殖肉鸭的经营模式

一、一条龙式产业集团

一条龙式经营是当前国内发展较快的一种经营模式。在产业集团内，有种鸭场、孵化场、饲料厂、屠宰与冷藏厂、肉食品深加工、熟食制品加工、羽绒制品加工、沼气、有机肥等加工于一体，产供销一条龙，还拥有自己的商品肉鸭养殖基地、生产技术服务中心、质量管理部、产品营销部等。这些部门把肉鸭生产的各个环节都包含在内，统一安排生产过程，计划性很强。目前，很多外向型肉鸭养殖企业多采用这种经营模式。

二、"公司＋基地（农户）"代养模式

当前，"公司＋基地（农户）"的代养模式逐渐成为许多地区肉鸭养殖的主要方式之一，也是国内发展最快、存在最多的一种模式。

这种模式通常由一个肉鸭屠宰加工企业为龙头（俗称"鸭头"），多数建有自己的种鸭场、孵化场和饲料厂，与周围村镇结合，发展农村肉鸭养殖基地或养殖场户。龙头企业负责向养殖基地、养殖场户出资配送统一的鸭苗、饲料、防疫药物以及技术服务，养殖基地或养殖场户按照龙头企业的要求建筑鸭舍，规范生产管理，落实日常饲养管理和卫生防疫，并签订购销合同。到了出栏日龄，由龙头企业上门收购，送到屠宰场进行屠宰加工和产品销售，公司按

照料肉比和成活率两个标准，核算出每只鸭的利润，一起结算给农户。这种模式的最大好处在于既保障了原材料的供应，又不用担心销售问题，比较符合农户的意愿。

实现利润的最大化必须考虑风险的存在。"公司＋基地（农户）"的放养模式仍存在一定的投资风险，最主要的还是"前期投资"和"疾病"两大问题，农户仍需谨慎。根据公司和农户签订的合作协议，农户在引进鸭苗前，必须做好场地的建造，按每平方米60~70元来计算，要建成一个像样的标准化肉鸭舍，十五六万元的投资是最基本的，这笔钱自然需要农户自己出资。还有就是疾病问题，肉鸭饲养存在疾病风险，特别是禽流感等重大疫病的风险。

此外，由于农户与公司之间实力悬殊，不是完全平等的市场关系，很容易造成权责不对等、条约显失公平、利益倾斜等后果，这势必影响到两者"双赢"的预期效果。所以，虽然肉鸭养殖是一项很好的致富项目，但农户在投资前仍需要三思而后行。

三、自主经营小规模鸭场

近年来，随着规模化养殖的进一步发展，这类养殖场户已较少存在。它原是一些农民根据自己对肉鸭养殖效益的判断，结合自己的投资能力，自己建造的小型肉鸭养殖舍，从种鸭场或放苗的龙头那里购买鸭苗，养成后自己随行就市进行销售。这种经营模式因为鸭苗、饲料缺乏稳定的来源供应，很难保证肉鸭适时出栏、及时销售，风险性大，现已逐渐减少。

第二节 肉鸭规模养殖的
生产成本与利润分析

一、养殖肉鸭的生产成本

生产成本是衡量生产活动最重要的经济尺度。规模肉鸭养殖场户的生产成本反映了生产设备的利用程度、劳动组织的合理性、饲养技术状况、鸭种生产性能潜力的发挥程度，并反映了养鸭场户的经营管理水平。

鸭场的总成本包括以下几个部分。

（一）固定成本

规模肉鸭养殖场的固定资产包括鸭舍、饲养设备、运输工具以及生活设施等。固定资产的特点是使用年限长，以完整的实物形态参加多次生产过程，并可以保持其固有的物质形态，只是随着它们本身的损耗，其价值逐渐转移到养成的肉鸭身上，以折旧方式支付。这部分费用和土地租金、基建贷款、管理费用等共同组成规模肉鸭养殖场的固定成本。

（二）可变成本

用于原材料、消耗性材料与工人工资之类的支出，随着产量的变动而变动，因此称为可变成本。其特点是参加一次生产过程就被消耗掉，主要包括鸭苗、饲料、垫料、药物、疫苗、水电、燃料以及各类运输费用、工人工资、管理费用等。

（三）常见的成本项目

1. 鸭苗成本

指购买种鸭苗或商品肉鸭苗的费用。

2. 饲料费用

指饲养过程中消耗的饲料费用总和，其中运杂费也列入饲料费用。这是鸭场成本核算最主要的费用，占总成本的 60% ~ 70% 。

3. 工资福利费用

指直接从事肉鸭生产的饲养员、管理人员的工资、福利、奖金等。

4. 固定资产折旧费

指鸭舍等固定资产基本折旧费。建筑物使用年限长，15 年左右折清；专用机械设备使用年限较短，7 ~ 10 年折清。固定资产折旧分为两种，为固定资产更新而增加的折旧，成为基本折旧；为大修而提取的折旧费称为大修折旧。计算方法如下。

每年基本折旧额＝（固定资产原值－残值＋清理费用）÷使用年限

每年大修折旧额＝（使用年限内大修次数×每次大修费用）÷使用年限

5. 燃料及动力费用

指用于肉鸭生产、饲养过程中所消耗的燃料费、动力费、水电费等。

6. 防疫及药品费用

指用于鸭群疾病预防、治疗和环境消毒等直接消耗的疫苗、菌苗、药物费用。

7. 管理费用

指场长、技术人员的工资以及其他管理费用。

8. 固定资产维修费用

指固定资产的一切修理费用。

（四）生产成本临界线

生产成本临界线是鸭场所有者需要了解的一项重要经济指标。它是何时销售肉鸭、本批肉鸭预计收益的重要参考依据。

通常养大鸭（45～50日龄出栏）时，当肉鸭销售价格是饲料价格的3倍左右时，是肉鸭养殖的成本临界线。活鸭售价超过饲料价格的3倍就会盈利，低于3倍则可能亏损。但是，在不同日龄肉鸭的生产成本临界线是有变化的，这主要与鸭苗的价格折算、饲料转化率等有关。因此，肉鸭养殖经营者需要根据当地的具体情况，计算生产成本临界线，作为适时饲养和出栏肉鸭的依据。

二、降低规模养殖肉鸭生产成本的措施

降低规模肉鸭养殖生产成本的重点是：降低饲料费用支出，提高成活率和饲料转化率。

（一）降低饲料费用支出

由于饲料成本占养殖成本的 60% ~ 70%，所以，降低饲料成本是降低肉鸭养殖成本的关键。要合理设计不同生长阶段肉鸭的饲料配方，保证肉鸭生长必需营养需要的前提下，尽量降低饲料的价格。

因为所有家禽都是"依能而食"，饲粮的能量水平高时，采食量就少；饲粮的能量水平低时，采食量就多。所以肉鸭饲料中的蛋白质与能量比例要平衡，否则，饲料消耗增加，造成某些营养成分浪费。如饲粮低能高蛋白，则蛋白饲料作为能源消耗而造成浪费。同时，要控制原料价格，尽量使用当地盛产的饲料原料，少用高价原料。

饲料要新鲜，保管要妥善。一是原料要新鲜，二是配合料要勤配、勤喂，饲料配好后要存放在通风、干燥的地方避光保存，以避免饲料中的脂肪氧化，维生素 A、维生素 E 遭到破坏。在饲料与地面之间放置一层防潮材料，以防止饲料板结、霉变。霉变饲料容易引起肉鸭中毒、拉稀等，从而降低饲料的利用率。另外饲料库和鸭舍要注意防虫害、鼠害等。

合理使用添加剂。矿物质、维生素、氨基酸等营养性添加剂是必需的，其他的非营养性添加剂对提高肉鸭的生长速度及饲料利用率也有很大帮助。如益生菌、酶制剂、有机酸、多肽等，对提高肉鸭增重和饲料利用率有明显效果。

此外，肉鸭要及时出栏，提高饲料报酬。

（二）减少燃料动力费用支出

燃料动力费用支出主要集中在育雏阶段。育雏舍供温采用烟道加温，可大大降低电费开支；加强用电管理，按照规定的照明时间给予光照，消灭长明灯。

（三）节省药物费用开支

在鸭场的防疫管理方面，坚持防重于治的原则。刚进鸭苗时，要了解父母代种鸭场的防疫情况，是否带有某种传染病；鸭苗不宜从多个场引进，最好从几个固定的种鸭场进鸭苗，以便于传染病的控制；做好鸭场疫病的净化工作，患病鸭要及时隔离，及时淘汰。对鸭群投药时，可投可不投的坚决不投，剂量可大可小的坚决投小剂量；使用高价低价药物均可的坚决使用低价药物。

三、规模养殖肉鸭的利润分析

规模养殖肉鸭周期短，一般养殖 28～55 天即可出栏，见效快，一年可多次养殖；因为大多实行合同养殖，每只肉鸭纯收入 1～2 元，效益稳定，在农民家庭养殖的条件下，一次可养殖 3 000～5 000 只，养好了每茬纯收入能达到 5 000 元以上，一年可养殖 5 茬以上，收入比较高；肉鸭饲料以谷物类为主，价格比较低，并且肉鸭的料肉比高达 2.5∶1，饲养管理简便，用工量少。

经济核算的最终目的是盈利核算，盈利核算就是从产品价值中扣除成本以后的剩余部分。盈利是鸭场经营好坏的一项重要经济指标，只有获得利润才能生存和发展。盈利核算可从利润额和利润率两个方面衡量。

利润额是指鸭场利润的绝对数量。其计算公式是：

利润额 = 销售收入 - 生产成本 - 销售费用 - 税金

因各个饲养场的规模不同，所以不能只看利润的大小，而要对利润率进行比较，从而评价养鸭场的经济效益。

利润率是将利润与成本、产值、资金对比，从不同的角度相对说明利润的高低。

资金利润率（%）= 年利润总额 ÷ 年平均占用资金总额 × 100

产值利润率（%）= 年利润总额 ÷ 年产值总额 × 100

成本利润率（%）= 年利润总额 ÷ 年成本总额 × 100

农户养鸭一般不计生产人员的工资、资金与折旧，除本即利，即当年总收入减去直接生产费用后剩下的就是利润，实际上这是不完全的成本、盈利核算。

第八章 标准化规模肉鸭场卫生防疫的制度化管理

养鸭场需要通过实施生物安全体系、预防保健和免疫接种 3 种途径，来确保鸭群健康生长。在整个疾病防控体系中，三者通过不同的作用点起作用。生物安全体系主要通过隔离屏障系统，切断病原体的传播途径，通过清洗消毒减少和消灭病原体，是控制疾病的基础和根本；预防保健主要针对病原微生物，通过预防投药，减少病原微生物数量或将其杀死；免疫接种则针对易感动物，通过针对性的免疫，增加机体对某个特定病原体的抵抗力。三者相辅相成，以达到共同抗御疾病的目的。

第一节 提供和保障生物安全的饲养环境

生物安全强调的是环境因素在保证鸭群健康中的作用，更是保证养殖效益的基础。只有通过全面实施生物安全体系，为肉鸭提供全面的生物安全的生存环境，才能保证肉鸭养殖效益。

一、生物安全的概念

生物安全是一个综合性控制疾病发生的体系，即将可传播的传染性疾病、寄生虫和害虫排除在外的所有的有效安全措施的总称。控制好病原微生物、昆虫、野鸟和啮齿动物，并使肉鸭有好的抗体水平，在良好的饲养管理和科学的营养供给条件下，鸭群才能发挥出最大的生产潜力。

当前，疫病严重困扰着肉鸭的健康发展，一些疫病甚至已经引起许多国家和地区的恐慌。生物安全性的提出，与肉鸭生产及科技水平的发展有关，通过有效实施生物安全，使疫病远离鸭场，或者如果存在病原体，这一体系将能消除它们，或至少减少它们的数量和密度，保证肉鸭生产获得好的生产成绩和经济效益，保证企业终产品具有良好的食品安全性、市场竞争力和社会认知度。

二、建筑性生物安全措施——科学合理的隔离区划

（一）养殖场的科学选址和区划隔离

良好的交通便于原料的运入和产品的运出，但养殖场不能紧靠村庄和公路主干道，因为村庄和公路主干道人员流动频繁，过往车辆多，容易传播疾病。鸭场要远离村庄至少1千米、距离主干道路500米以上，这样既使得鸭场交通便利，又可以避免村庄和道路中不确定因素对肉鸭的应激作用，另外也减少了某些病原微生物的传入。养殖场、孵化场和屠宰场按鸭场代次和生产分工做好隔离区划。

（二）改革生产方式

逐步从简陋的人鸭共栖式小农生产方式改造为现代化、自动化的中小型养鸭场或小区式养鸭场，采用先进的科学的养殖方法，保证肉鸭生活在最佳环境状态下。高密度的鸭场不仅有大量的肉鸭、大量的技术员、饲料运输及家禽运送人员在该地区活动，还可造成严重污染而导致更严重的危害事件如禽流感事件。因此，要合理规划鸭棚密度，保持鸭场之间、鸭棚之间合理的距离和密度。

鸭场的大小与结构也应根据具体情况灵活掌握。过大的鸭场难以维持高水平的生产效益。所以，在通常情况下，提倡发展中小型规模的标准化鸭场。当然，如果有足够的资金和技术支持，也可以建大型标准化鸭场。

合理划分功能单元，从人、鸭保健角度出发，按照各个生产环节的需要，合理划分功能区。应该提供可以隔离封锁的单元或区域，以便发生问题时进行紧急隔离。首先，鸭场设院墙或栅栏，分区隔

离，一般谢绝参观，防止病原入侵，避免交叉感染，将社会疫情拒之门外；其次，根据土地使用性质的不同，把场区严格划分为生产区和生活区；根据道路使用性质的不同分为生产用路和污道。生产区和生活区要有隔墙或建筑物严格分开，生产区和生活区之间必须设置消毒间和消毒池，出入生产区和生活区必须穿越消毒间和踩踏消毒池。

（三）鸭场人员驻守场内，人鸭分离

提倡饲养人员家中不养家禽，禁止与其他鸟类接触以防饲养人员成为肉鸭传染病的媒介。多用夫妻工，提倡夫妻工住在场内，提供夫妻宿舍，这样可避免工人外出的概率，进而避免与外界人员的接触，更好地保护鸭场安全。

三、观念性生物安全措施——遵照安全理念制定的制度与规划

（一）净化环境，消除病原体，中断传播链

场区门口要设有保卫室和消毒池，并配备消毒器具和醒目的警示牌。消毒室内设有紫外线灯、消毒喷雾器和橡胶靴子，消毒池要有合适的深度并且长期盛有消毒水；警示牌上写"养殖重地、禁止入内"，要长期悬挂在入场大门或大门两旁醒目的位置上。

根据饲养规模设置沉淀池、粪便临时堆放地以及死鸭处理区。污水沉淀池、粪便存放地要设在远离生产区、背风、隐蔽的地方，防止对场区内造成不必要的污染。死鸭处理区要设有焚尸炉。

净道、污道分离，肉鸭苗、饲料、人员和鸭粪各行其道，场区内及大门口道路务必硬化，便于消毒和防疫；下水道要根据地势设置合理的坡度，保证污水排泄畅通，不流到下水道和污道以外的地方；毛鸭车最好不入场，能在 2~3 千米外设置淘鸭场最为理想；清粪车入场必须严格消毒车轮，装粪过程要防止洒漏；装满后用篷布严密覆盖，防止污染环境。鸭场空舍期不少于 2 周，要求鸭棚内无

粉尘、无蛛网、无粪便、无垫料、无鸭毛、无甲虫、无裂缝、无鼠洞，彻底清洗、消毒3~5遍。卫生检测合格后方能进下一批鸭苗。

生产人员隔离和沐浴制度；严格的门卫消毒制度；人员双手、鞋、衣服、工具、车辆、垫料消毒，外来车辆禁止入场；汽车消毒房冬季保温和密闭措施，冬季消毒池加盐防冻；垫料消毒，防止霉变。进鸭前将垫料一次性进够，防止携病入舍；饮水净化和消毒；带鸭消毒。

（二）加强消毒

1. 消毒的种类和方法

传统的消毒包括预防性消毒、紧急状态下的消毒和终末消毒3种类型。预防性消毒是为了预防传染病的发生，对鸭棚、场地、用具和饮水等进行的定期消毒；紧急状态下的消毒是指在疫情发生期间，对疫点、疫区的病鸭、排泄物及污染的场所、用具和用品等及时消毒，防止疫情扩散；终末消毒是指在发生传染病后，当全部鸭群痊愈或最后一只患病鸭死亡后，在疫区解除封锁之前，为了消灭疫区内可能残留的病原体所进行的全面彻底的大消毒。

消毒的方法有物理、化学、生物3类。生产实践中，要根据病原体的种类和被消毒物品的性质加以选择。

（1）物理消毒法　简单常用的有以下几种。

① 煮沸消毒法。它是一种经济、简单的消毒方法，应用比较广泛。大多数病原体在100℃的沸水中，数分钟内便可死亡。金属器材、木质器具、玻璃器具以及布类等，都可用煮沸消毒法。一般从水沸腾开始计算时间，煮沸15分钟。在水中加入0.5%~1%的碱或肥皂，可以提高沸点，增强杀菌效果，还能去污。

② 蒸汽消毒法。蒸汽所含潜伏热量大，穿透力强，使物品受热快，也是一种效果可靠、应用很广的消毒方法。流动蒸汽在常压下温度为100℃，消毒时间和效果可以和煮沸法相同。蒸笼消毒就是这种消毒方法之一。

③ 日光消毒法。是利用很多病原微生物对紫外线非常敏感的特

性，将要消毒的物品放置在日光下暴晒，以达到杀死病原微生物的目的。日光消毒是最经济的消毒方法。

④ 焚烧和酒精火焰喷枪消毒法。这是最彻底的消毒方法。焚烧适用于金属用具、垫草、尸体、死胚蛋和蛋壳等的消毒；喷枪火焰适用于经药物消毒后的鸭棚四周墙壁（一般1.5米左右高）和水泥地面再消毒。

⑤ 机械消毒法。包括打扫、洗刷、通风等，该法不是杀灭病原体，而是把附着在鸭棚、用具和地面上的病原体清除掉，对清除掉的污物还要再消毒，与其他消毒法结合应用，可以提高消毒效果。

（2）化学消毒法　是利用化学制剂，按不同消毒要求配制一定比例的溶液，用气雾、喷洒、喷雾、冲洗、浸泡、擦拭的消毒方式，直接杀灭病原体，主要适用于鸭棚、场地、环境、用具及车辆等。

（3）生物消毒法　是利用粪污中的有机物，在微生物的作用下分解产热，达到杀灭致病菌和虫卵的目的，主要适用于粪便、垫料等。

2. 日常带鸭消毒

日常带鸭消毒就是对鸭棚内的一切物品及肉鸭群体、空间用一定浓度的消毒液进行喷洒或熏蒸消毒，以清除舍内的多种病原微生物，阻止其在舍内繁殖。

（1）日常带鸭消毒程序和步骤　消毒前清扫污物→冲洗→干燥→慎重选药与科学配液→正确喷雾消毒。

第一步：尽可能彻底清扫笼舍、地面、墙壁、物品上的粪便、羽毛、粉尘、污秽垫料和屋顶蜘蛛网等。

第二步：用清水冲洗，将污物冲出鸭棚，提高消毒效果。地面上的污物经水冲还冲不掉的，经软化后可用毛刷刷洗或用高压水枪冲洗。冲洗的污水应由下水道或污道排流到远处，不能排到鸭棚周围。

第三步：一般在冲洗干净后，搁置1天，待干燥后再行消毒。否则，残留的水滴会稀释消毒液，降低消毒效果。

第四步：消毒药必须广谱、高效、强力，对金属、塑料制品的腐蚀性小，对人和鸭的吸入毒性、刺激性、皮肤吸收性小，不会侵入残留在鸭肉中。如过氧乙酸、新洁尔灭、次氯酸钠、百毒杀、复合酚等。

配制消毒药液用自来水或深井水较好。消毒液的浓度要均匀，对不易溶于水的药应充分搅拌使其溶解。消毒药液温度由20℃提高到30℃时效力可增加2倍，所以，配制消毒药液时要用40℃以下温水稀释，炎热季节水温可以低一些，以便在消毒的同时起到降温的作用。配制好的消毒药液稳定性差，不宜久存，现用现配，一次用完。

第五步：可使用雾化效果较好的高压动力喷雾器或背负式手动喷雾器，将喷头高举空中，喷嘴向上以画圆圈方式，由上而下、先内后外，先房顶天花板再后墙壁、固定设施，最后是地面，逐步喷洒，使药液如雾一样缓慢下落。

（2）带鸭消毒的具体要求　雏鸭太小不宜带鸭消毒，首次带鸭消毒最小日龄不能低于10天；消毒时间和次数可以根据鸭棚内污染情况而定。无疫情时带鸭消毒可每周进行2~3次，夏季或疫病多发时，可每天消毒1次。在发现疫情时应增加消毒次数，必要时每天可消毒1~2次；药液的浓度一定要掌握准确，如用过氧乙酸消毒，在育雏期用0.1%浓度，育成期和成鸭用0.3%~0.4%的浓度；喷雾量根据鸭棚的构造、地面状况、气象条件适当增减，育雏期为每立方米30毫升药液，育成期一般按每立方米50~80毫升药液；带鸭消毒时，舍内温度要求控制在22~25℃为好；在实施疫苗免疫前后各1天内不可带鸭消毒；病死鸭严禁入集市或弃入江河，应进行深埋或焚烧。深埋可挖一深坑，一层死鸭一层生石灰，或用有效的消毒剂如烧碱。

3. 空舍及生产用具等消毒

生产用具主要包括：料槽、水槽或饮水器、笼具、上料车（上料系统设备）、出粪车（出粪系统设备）、铁锹、风机等。其他非生产性用品，一律不能带入生产区内。生产区和生活区的用具不能互相交叉或混用。

生产用具消毒程序：预消毒（1天）→清除生产用具上粘附的

粪便、污物等（1 天）→鸭棚出粪与清扫（1 天）→高压水枪冲洗（1 天）→干燥（3 天）→碱液喷洒地面消毒（1 天）→干燥（3 天）→甲醛熏蒸消毒（2 天）→进鸭前通风（2～3 天）→整理鸭棚及生产用具→进鸭。整个消毒过程不少于 15 天。

第一步：预消毒是采用清洗型消毒剂如季铵盐类消毒剂，按 1∶（2 500～3 500）比例稀释，对鸭棚房顶、墙壁及生产用具等进行喷雾消毒，有效分解鸭笼、网架、垫板上的粪便及杀灭渗入地面墙面内的致病微生物，防止由于第二步冲洗时病原微生物进入鸭场的饮水系统。该步骤要求作用至少 1 天的时间，以保证效果。

第二步：将鸭棚内的粪便污物消除干净，用水（最好是高压水）彻底将鸭棚、笼具、食槽、水槽、门窗冲洗干净，晾干。

第三步：用碱液对地面消毒，可用 2%～5% 烧碱溶液。

第四步：首先将窗及墙缝封严实，不漏气，把舍内温度保持在 18～28℃，相对湿度 70% 以上，再按以下步骤操作。

①将料槽、水槽或饮水器、笼具、上料车（上料系统设备）、出粪车（出粪系统设备）、铁锹、风机等用具均匀放置到鸭棚内。

②计算甲醛和高锰酸钾的用量。按每立方米空间用甲醛 30 毫升、高锰酸钾 15 克用量，并将甲醛和高锰酸钾按容器多少分成等份。

③盛装药品的容器应耐热、耐腐蚀，容积不小于甲醛总容积的 3 倍，以免甲醛沸腾时溢出灼伤人，最好用陶瓷容器。可视鸭棚的大小，按每 4～5 米放置一陶瓷容器，将分好的高锰酸钾放入各器皿中。

④加入甲醛。将分好的甲醛放置在容器旁边，从离门最远的盛放高锰酸钾容器开始逐一加入甲醛，待甲醛全部加完看到容器中冒出紫烟后迅速离开鸭棚，关闭门窗不得少于 2 天。

第五步：进鸭前 2～3 天将门窗打开，让空气对流，待鸭棚内无刺鼻气味后整理鸭棚及用具，方可进鸭。

4. 育雏舍消毒

育雏舍消毒主要是对育雏舍及其舍内的笼具、料槽、水槽或饮水器等其他用具的熏蒸消毒。

育雏舍消毒程序与空舍及生产用具消毒程序相似。即预消毒（1天）→清除生产用具上粘附的粪便、污物等（1天）→育雏舍清扫（1天）→高压水枪冲洗（1天）→干燥（3天）→碱液喷洒地面消毒（1天）→干燥（3天）→甲醛熏蒸鸭棚消毒（2天）→进雏前通风（2～3天）→舍内升温→进雏。整个消毒过程不少于15天。

从第一步到第五步与空舍及生产用具消毒程序一致。

第六步：进雏前通风要彻底，必须达到无刺鼻的甲醛等任何异味，并对育雏舍用具进行整理。

第七步：舍内升温很重要，要将舍内温度提前1天升高至育雏温度，临时性温度升高只能使鸭棚空间温度升高，地面温度仍然是外界温度。水槽内加入适量葡萄糖及育雏药水，待雏鸭入舍后就能喝到开口水。

5. 饮水消毒

鸭饮水质量直接或间接影响鸭群的生产性能，并能诱发疾病。因此，应该定期在鸭饮水中添加消毒剂，把饮水中的微生物杀灭或控制经饮水进入鸭体内的病原微生物。

饮水消毒的方法很多，可根据自己的实际情况选用。可在每吨水中添加6～10克漂白粉，搅匀30分钟；或用0.01%的高锰酸钾溶液当做饮用水，随配随饮，每周让鸭饮2～3次；也可用50%的百毒杀以1：（1 000～2 000）的比例稀释后让鸭饮用；用20%的过氧乙酸，在每1 000毫升水中加1毫升，消毒30分钟后饮用也可以。

为使饮水消毒能真正达到杀灭或控制饮水中病原微生物的目的，要选择广谱、高效、无毒、无异味、刺激性小、无腐蚀性、无残留等消毒作用强、易分解的卤素类药物作为消毒剂。如漂白粉、次氯酸钙等。禁止使用酚类、醛类等刺激性大的药物，以免损伤消化道黏膜。同时，不能任意加大水中消毒药物的浓度或长期饮用。否则不仅可引起急性中毒，还可杀死或抑制肠道内的正常菌群，给鸭群健康带来危害。

6. 场区地面及进入车辆的消毒

场区地面包括生活区和生产区各条道路的路面及所有裸露的地面。场区地面的消毒程序一般为：地面清扫→高压水清洗→消毒液泼洒。

第一步：消毒前，对场区所有裸露的地面进行清扫。平时应保持好厂区环境卫生，及时清扫地面上的污物、落叶、杂物等，减少污染来源。

第二步：使用高压水枪清洗。

第三步：可用消毒时间长的复合酚消毒剂或3%氢氧化钠溶液，进行泼洒，一般每月消毒2~3次。

进入场区的车辆，消毒程序为：高压清洗→喷洒消毒液→车轮消毒。

第一步：使用高压水枪清洗，除去车身上的尘土、粪便、油渍等杂物。

第二步：使用清洗/缓释型聚醇醚碘等进行喷洒消毒。

第三步：在场区主要通道必须设置消毒池，消毒池的长度为进出车辆车轮2个周长以上，消毒池上方最好建顶棚，防止日晒雨淋，消毒液可用消毒时间长的复合酚消毒剂或3%氢氧化钠溶液，每周更换2~3次。

7. 粪便及垫料的消毒

粪便、垫料用生物消毒法比较实惠，消毒后不失去作为肥料的价值。粪便、垫料多使用地面泥封堆肥法。在距鸭棚、水池、水井较远处的地方，挖一宽3米、两侧深25厘米向中央稍倾斜的坑，长度视粪便多少实际需要而定。将粪便、垫料集中收集后放进坑内，用稀泥封住，进行发酵，夏季约需1个月，冬季2~3个月。

8. 人员及衣物的消毒

人员主要包括进入生产区的工作人员和进入生活区的人员两种。

进入生产区的人员消毒程序：进入生产区前鞋底消毒→洗澡→更换工作服→消毒液洗手及手臂→紫外线消毒→入鸭棚门口鞋底再次消毒。

进入生活区的人员消毒程序：入场时鞋底消毒→紫外线消毒→进入生活区。

衣物的消毒程序：消毒液浸泡工作服→洗涤→太阳暴晒→待用。

四、操作性生物安全措施——依据安全理念制定的日常工作细则

当前，肉鸭越来越难养已成事实。其中的原因，有病毒变异，细菌产生耐药性。但是，这些原因远没有我们想象得那么严重，养不好肉鸭的原因其实关键还在养殖户自己，因为养殖户只重视了生长快速化而抛弃了自然规律，没有顾及鸭的天性，应激因素越来越多，应激越来越大。

在加强鸭棚的通风管理，保持合适的饲养密度，饮用清洁的饮水的基础上，还要做好以下几点。

（一）适量限饲

饥饿是自然界中每一个独立生存的动物都需要品尝的滋味，它的意义在于让动物保持良好的状态，保持良好的消化吸收功能。

因此，在肉鸭不同的饲养阶段，适量限饲，既能省料，又能充分保证鸭的消化吸收功能。

（二）保证足够的运动量

生命在于运动，鸭也一样，道理就不用解释了。虽然肉鸭只是在 20 天前活动量大一些，30 天后的鸭基本不运动了，可就是这 20 天的运动对鸭的抵抗力却是非常重要的，只可惜有许多养殖户没能给肉鸭提供运动的场地。

密度大了自然不用说了，鸭想活动也困难，有些养殖户把鸭群用网栏分成许多小格，小鸭想跑动一下也只能原地转圈，无法快速奔跑。为了鸭的健康，要把那些束缚鸭群的禁锢彻底改掉。

（三）多用粉料

现在养肉鸭用颗粒料的占绝大多数，颗粒料经过膨化加工，几乎所有的饲料厂家都在宣传颗粒料的好处，例如，颗粒料比自配粉料更容易吸收，料肉比低、出栏快。

其实全程使用自配粉料生长速度并不比颗粒料慢，二者相比出栏时间整个饲养期最多也就差一天的时间，总的采食量是没有区别的。而从利润角度来看，自配粉料每斤至少能节省一毛钱，玉米、豆粕等质量至少不会比饲料厂用得差，而且抵抗力要高得多，疾病少。最明显的就是消化不良等疾病的发病率要大大降低。即使是用粉料推迟了一天的出栏时间，那我想问一下，如果鸭没有病的情况下哪个养殖户会在乎一天的辛苦？

自然界中生长的鸭是吃不到人们特意加工的熟食品的，可它们为什么还在健康地生长？笔者认为，生饲料中的粗纤维对于消化道功能的维护有着不可替代的作用，而经过高温膨化的颗粒料，其中许多营养物质结构发生了改变，更容易被吸收，长期饲喂会减弱鸭的消化吸收功能，导致后期消化道疾病连续不断。

有人会问，粉料这么好，为什么那么多人宣传颗粒料的好处呢？这个问题答案非常简单，饲料厂生产销售一吨颗粒料至少抵得上5吨粉料的利润。

在此提倡肉鸭养殖场户多用粉料，那么究竟怎么使用才更合理。建议肉鸭一号料和二号料最好用粉料，三号料的时候用颗粒料，三号料做成颗粒，能提高采食量，缩短采食时间，更有利于催肥。

（四）适应环境

一些养殖户过分在意外在环境，在舍内咳嗽都不敢大声，结果邻居家放了个二踢脚就把鸭吓死一片。有些养殖户太在意舍内温度，每天温差保持得非常好，鸭没有感受过热，也没有感受过冷，这样做不仅需要付出极大的辛苦，也降低了鸭的适应力。同时，谁能保证自己的鸭全程不出现大的温差，不接受任何惊吓？这样做的结果是稍有受凉就全群发病，碰倒一个料桶也会让鸭惊群。如果从育雏开始就不娇惯它们，让它们适应各种声音，适应适度的温差，鸭也就不那么娇气了。

如果养殖朋友能认真体会到这几点并付诸行动，你会发现原来肉鸭并不是那么难养的。

第二节　加强以日常管理为重点的预防保健

科学的饲养管理可有效降低肉鸭的发病率。肉鸭的健康受到雏鸭质量、大环境、气候等多种因素的影响，再加上管理的疏漏时有发生。饲养管理工作的重点还是要从日常管理做起。

一、落实管理规章制度

对肉鸭实行科学饲养，保障肉鸭安全生长肥育，除饲养人员的自觉性外，还必须有相应的规章和管理制度的约束，只有严格地执行科学合理的饲养管理和卫生防疫制度，才能使各项规章制度得到切实落实，减少和杜绝疫病的发生。

二、仔细观察，随时挑出病、弱、残鸭，隔离淘汰

疾病的发生，总是由少到多，由个体到群体的传播过程。要有效地防止疾病扩散，就要求每天认真观察鸭群的健康状况，特别在清晨喂料时，如果发现有不吃料、不喝水，精神差，或粪便异常的鸭，就要随时挑出淘汰，或暂时置于鸭棚下风头，距排风扇近的远端，隔离饲养观察2~3天。如有恢复迹象，可继续调养一段，直至恢复正常。如隔离饲养2~3天仍无起色，应立即淘汰，以免传染给健康鸭只。

三、保证饮水、饲料安全

污染的水源可能威胁到鸭的健康，在饲养过程中应使用清洁无污染的饮用水源。营养均衡的饲料对促进鸭生长起着重要的作用，劣质饲料除了导致营养缺乏外，还可使鸭子处于应激状态，更易感染传染病。不能给鸭饲喂受潮或过期的饲料，因为受潮或过期的饲料黄曲霉毒素的含量可能超标，鸭食用后易出现中毒。因此，提高鸭场养殖效益，饮水及饲料的管理措施是重要的一方面。

病从口入，是当前养殖业的通病。要严把饲料原料关，禁止使用霉败变质、污染严重的饲料，谨慎使用动物源性饲料，严禁使用国家禁止使用的饲料添加剂及化学药品。提倡使用中草药制剂、酶制剂等能够改善饲料营养，提高鸭子抗病力的制剂。根据鸭日龄大小，及时选用适宜的优质颗粒料，从正规厂家进货，因为饲料在加工过程中经热处理，达到杀菌效果，同时能保证饲料的全价营养。不使用有鱼粉的饲料，防止携带沙门氏菌。自配饲料要选用优质原料，发霉变质的原料不可用，配制过程防污染。存放饲料应有专用仓库，每次充料之前彻底清扫，充料之后熏蒸消毒。当日饲喂的料当日运，鸭舍内不要有过夜的饲料，鸭群喂后抛撒的饲料要及时打扫干净，防止饲料被老鼠粪便污染。饲料贮存期不得超过15天。

饲养过程应保证饮用水的清洁无污染。水源管理主要包括鸭场人员饮用水和鸭群饮水，无条件利用自来水时，应采用地下水，但要定期检查水质，最好不用沟渠、池塘、矿坑的地表水源，农户放养鸭应先检查水质。生产中使用的自来水、深井水是干净的，但进入鸭舍后，由于暴露在空气中，舍内空气、粉尘、羽绒、饲料中的细菌造成饮用水二次污染，运动场水池的水更是如此。因此，应定期清洗水槽、水池，使用药物进行消毒。目前，用于饮水消毒的药物主要是氯制剂、碘制剂或季胺化合物等。进行饮水常规检测，目的在于检测饮水水质变化，每年检测两次，主要监测大肠杆菌数。

四、实行全进全出的饲养制度

现代肉鸭生产几乎都采用"全进全出"的饲养制度，即在一栋鸭棚内饲养同一批同一日龄的肉鸭，全部雏鸭都在同一条件下饲养，又在同一天出栏屠宰。这种管理制度简便易行，优点很多，在饲养期内管理方便，可采用相同的技术措施和饲养管理方法，易于控制适当温度，便于机械作业。也利于保持鸭棚的卫生与鸭群的健康。肉鸭出栏后，便对鸭棚及其设备进行全面彻底的打扫、冲洗、熏蒸消毒等。这样不但能切断疫病循环感染的途径，而且比在同一栋鸭棚里混养几种不同日龄的鸭群增重快、耗料少、死亡率低。

全进全出的饲养制度的生产程序包括全群同期进场（舍）、全群同期出场及全场消毒、鸭舍空闲 2 周或以上。全进全出制的最大特点是在一定时间内全场无鸭，可进行全面消毒，既消灭了病原体，又杜绝了疾病互相传染的途径，从而有利于鸭群的健康和安全生产。同时，由于鸭群在同一个场或同一栋鸭舍是同一个日龄，必然有利于鸭群的管理和统一实施技术措施。

五、重视鸭粪及粪水等废弃物的处理

随着规模化肉鸭养殖业的迅速发展，在解决人类鸭肉需求的同时，也带来了严重的环境污染问题。大量肉鸭粪便污染物不但不能被充分利用，有些还被随意排放到自然环境中，从而对周围生态环境形成了巨大的压力，使得水体、土壤以及大气等环境受到了严重的污染。因此，对肉鸭粪便进行减量化、无害化和资源化处理，防止和消除粪便污染，对于保护城乡生态环境，推动现代肉鸭养殖产业和循环经济发展具有十分积极的意义。

（一）鸭粪处理的方式

1. 直接晾晒模式

它的主要工艺过程是把鸭粪用人工直接摊开晾晒，晒干后，压碎直接包装作为产品出售。这种模式的优点是：产品成本低，操作简单；但占地面积大，污染环境；晾晒还存在一个时间性与季节性的问题，不能工厂化连续生产；产品体积大，养分低，存在二次发酵，产品的质量难以保证。

2. 烘干鸭粪模式

它的工艺流程是把鸭粪直接通过高温、热化、灭菌、烘干，最后出来含水量为13%左右的干鸭粪，作为产品直接销售。这种模式的优点是：生产量大，速度快；产品的质量稳定，水分含量低。但同时也存在一些问题，如生产过程产生的尾气污染环境；生产过程中能耗高；出来的产品只是表面干燥，浸水后仍有臭味和二次发酵，产品的质量不可靠；设备投资大，利用率不高。

3. 生物发酵模式

（1）发酵池发酵　其主要工艺流程是把鸭粪、草炭、锯末混合放入水泥池中，充氧发酵，发酵完成后粉碎，过筛包装成为产品。这种模式的优势在于：生产工艺过程简单方便，投入少，生产成本低。主要缺点是产品养分含量低，水分含量高，达不到商品化的要求；工厂化连续生产程度低，生产周期长。

（2）直接堆腐　其主要工艺流程是把鸭粪和秸秆或草炭混合，堆高1米左右，利用高温堆肥，定期翻动通气发酵，发酵完后就成为产品。这种模式的优点是：生产工艺简单，投入少，成本低。主要问题在于产品堆造时间过长，受各种外界条件影响大，产品的质量难以保证；产品工厂化连续生产程度不高，生产周期长。

（3）塔式发酵　其主要工艺流程是把鸭粪与锯末等辅料混合，再接入生物菌剂，同时塔体自动翻动通气，利用生物生长加速鸭粪发酵、脱臭，经过一个发酵循环过程后，从塔体出来的就基本是产品。这种模式具有占地面积小，能耗低，污染小，工厂化程度高的优点，但它现在存在的问题是：仅靠发酵产生的生物热来排湿，产品的水分含量达不到商品化的要求；目前，工艺流程运行不畅，造成人工成本大增，产量达不到设计要求；设备的腐蚀问题较严重，制约了它的进一步发展。

（二）鸭粪处理存在的问题

1. 污染环境

烘干鸭粪的模式产生的尾气对空气产生二次污染。露天晾晒和直接堆腐滋生蚊蝇，传播病害，污染环境。

2. 工厂化程度不高

露天晾晒、直接堆腐、发酵池发酵受外界环境影响大，工厂化连续生产程度不高，产品质量得不到保证，规模小。

3. 生产成本高，工厂效益低

工厂化生产有机肥的模式主要是烘干鸭粪，但是这种模式的能耗大，成本高，而且由于鸭场规模变小，原料供应不足，工厂没有连续生产，设备利用率低，所以绝大多数烘干鸭粪厂经营状况不好。

（三）鸭粪处理的建议

1. 处理的方法

从国际和国内鸭粪处理方式的发展来看，发酵的方法越来越受到重视。因为它的能耗低，污染小，但它存在一个问题，就是光通过快速发酵而不采取其他的措施，产品的含水量达不到商品化的要求。如果把发酵与后期对产品的烘干干燥结合起来，对于工厂化处理可能更为适用。

2. 处理的形式

对于不同规模的鸭场处理的方式也应有所区别，对于大中型的规模鸭场可采取工厂化的发酵干燥法，而对于小规模鸭场或农户自养，可采取提供发酵菌剂，养殖户自己堆腐发酵的办法。

3. 处理的工艺

对于有机肥工厂化的工艺不宜过于复杂，不应盲目追求新颖。因为有机肥本来是低值产品，成本越低越好，工厂规模不宜追求大，这样一来设备成本高，二来原料的收集、运输、贮存又存在问题，这样就提高了产品的成本。在工艺上要求简单适用、廉价高效即可。

六、严格控制蚊蝇和鼠

养鸭场禁止饲养食用动物、啮齿类动物和鸟类动物，因为它们可能成为疾病的生物和机械携带者，可传播像沙门氏菌和巴氏杆菌这样的病原菌。如马立克氏病病毒和禽痘病毒可通过蚊蝇和其他昆虫传播。因此，有效的粪便处理和死禽处理将有助于减少昆虫蚊蝇的数量。应当定期喷洒允许使用的杀虫剂来控制昆虫蚊蝇，减少疾病的病原体传播。

鸭舍还要能有效防止昆虫、鼠类、野鸟、野兔、黄鼠狼等的入侵。所有鸭舍应杜绝野鸟，实施有效的控制鼠类的措施。诱饵是最有效的方法，但需连续不断地实施。采用有效的综合管理虫害的程序，以期通过生物、医疗、化学途径控制虫害。铁质隔栏无尖锋，舍内不要扔有铁丝头、尼龙丝等能刺、缠伤鸭腿的物品，以防造成感染。育雏室要专用。育雏应用高床式网上平养，减少粪便污染。育雏舍、蛋鸭舍等使用垫草、垫料要清洁、干燥、无霉变，以减少鼠、蚊蝇的滋生。

七、病死鸭的处理

兽医室和病死鸭处理设施应建在饲养区的下风、下水处，与粪污处理区平行（或建在饲养区与粪污处理区之间）的独立的位置。与饲养区的卫生间距视鸭场规模而定，通常应分别在 500 米、200 米、50 米以上。周围建隔离屏障，出入口建洗手消毒盆和脚踏消毒池、备专用隔离服装。

兽医室应配备与鸭场规模相适应的疾病监测和诊断设备。兽医室的下风处建病死鸭处理设施，如焚尸炉、尸井等。并具备防污染防扩散条件（防渗、防水冲、防风、防鸟兽蚊蝇等）。

鸭舍出现异常死亡或死鸭数量超过 3 只时，就要引起注意。用料袋内膜将死鸭包好拿出鸭舍送到死鸭窖。需要剖检时，找兽医工作人员进行剖检。剖检死鸭必须在死鸭窖口的水泥地面上进行，剖检完毕后对剖检地面及周围 5 米用 5% 的火碱进行消毒，剖检后的死鸭用消毒液浸泡后放入死鸭窖并密封窖口，或焚烧。做好剖检记录。发现疫情及时会商，重要疫情必须立即上报场长。送死鸭人员，在返回鸭舍时应彻底按消毒程序进行消毒。剖检死鸭的技术人员，在结束剖检后，从污道返回消毒室，更换工作服，消毒后方可再次进入净区。

死鸭、重病鸭一经发现，要用密闭袋包装，经焚化或发酵处理；鸭粪、垫料废弃物要用专车通过专用通道运出鸭舍 500 米以外，经发酵后无害化处理。厕所设置化粪池，避免粪水直接进入环境。

八、出栏后清场

对于一个有多批次不同日龄的养鸭场，有时传染病会连续不断地在群与群、舍与舍之间传播。虽经多方面努力，包括全面重复接种疫苗、反复大剂量使用高效抗菌药物等，但疫病仍未能很好地控制，死亡和淘汰有增无减，生产成绩逐渐下降，生产成本不断增加，安全生产的难度日益增大。处于这种情况最明智的办法就是下定决心延长空棚期，彻底清场，反复严格地清洁消毒，空栏一段时间后，再重新饲养。清场首先是清理粪便，清理干净后消毒，用具要清洗消毒，并在太阳光下暴晒，达到消毒目的。空棚时间长有利于消灭或减少病原微生物和疾病的发生。由于夏季天气炎热，肉鸭饲养效益低，养殖户可以适当延长空棚期。

九、发生疫病时的扑灭措施

在临床诊疗实践中，发现有不少养鸭户自以为有多年养殖肉鸭的经验，鸭发病后一般自己买药治疗，但疗效大都不理想。有些养鸭户，对疾病认识一知半解。特别是近些年来，随着环境的逐步恶化和病原体的不断变异进化，很多疾病的症状或病理变化都发生了很大改变，单一感染的疾病已很难再见到。养殖户还以老眼光看待新情况，不知道有很多的疾病都是混合感染或继发感染。由于多种病原混合感染，在诊断上如果分不清主次，或者只知其一，不知其二，就为疾病的诊断带来了很大困难。而一旦诊断错误，治疗的效果就可想而知了。

鸭群发病后，大多数养殖场户都不能在第一发病时间给予既对症状又求根本的治疗。如当鸭群精神稍差，大便有些不正常，吃料较慢时，他们还不知鸭群已经发病，更不会投药治疗。等到出现死鸭，而且死亡不断增加，鸭群食欲大减时，才知道鸭群已经染病。于是匆忙用药，但为时已晚，疗效自然不好。正确的做法是，当鸭场中某一个鸭棚发生疫病时，要立即封锁发病棚舍。杜绝该舍人员及工具与其他鸭棚的来往。如确诊为鸭传染性肝炎等，可立即从离发病舍最远的健康舍开始，尽快实行紧急接种。

养鸭成本是个综合性概念，不仅仅是药费。也有少数养殖户在发现鸭得病后，一味地惜本，为了节省几个药钱，购药时斤斤计较，认为药价越低越合算。事实上，无效的或效果差的药物才是最贵的。疗效好的药物，虽然贵些，但比无效或效果差的药其实更划算。如果舍质求廉，定会贻误治疗，也不可能取得满意效果。

总之，养鸭场（户）应充分认识到生物安全是减少鸭群疫病威胁的有效途径，但生物安全没有固定模式，从业人员要不断地改变养殖观念，改善鸭场状况，提高管理水平，及时监控饲料及饮水品质，加强防疫检疫，从而减少鸭病的发生，实现养殖的赢利。

第三节　落实以免疫接种为主的综合性防疫措施

作为规模化、集约化的养殖场，要想预防疾病的发生，提高鸭场养殖效益，疫苗免疫是重要的保障。

一、掌握免疫的基本理论

为了制定合理的免疫程序，应首先熟悉有关的免疫名词，如母源抗体、基础免疫、加强免疫、毒株等。其中母源抗体是指雏鸭在孵化期从母体获得的各种抗体，雏鸭初期接种疫苗会被相同鸭病母源抗体中和；基础免疫是指鸭体的首次或最初几次疫苗接种所出现的免疫效果在没有达到较高抗体水平以前的免疫，大部分疫苗的基础免疫需要接种多次才能达到满意的免疫效果；各种疫苗接种后所产生的预防作用都有一定的期限，在基础免疫后一定的时间，为使鸭体继续维持牢固的免疫力，需要根据不同疫苗的免疫特性进行适时的再次接种，即所谓加强免疫；毒（菌）株则是从不同地区采集的病料中在实验室条件下培养的病毒（细菌），一种疾病一般存在众多类型的毒（菌）株。

二、调查鸭场所在地的疾病发生和流行情况

疾病的发生具有地域性，通过对鸭场周边地区疫病的调查了解，选择相应的疫苗进行免疫本地曾发生过或正在发生的疾病，未曾在本地发生的疾病则不用免疫。用疫苗预防本地没有发生过的病，不仅意义不大，而且浪费人力、财力，严重者会人为地将病源引进本场，导致该疫病的暴发。但应将禽流感等不存在地域性或危害严重的烈性传染病无条件地纳入免疫程序。

三、熟悉种鸭易患疫病的发病特点

熟悉种鸭主要疫病的发病日龄和流行季节，从而选择在合适日龄、疫病高发季节来临之前接种对应的疫苗，才能有效控制疫病。如鸭病毒性肝炎只发生于雏鸭阶段，尤其是10日龄左右最高发，故种鸭的鸭病毒性肝炎首免就要在雏鸭到场1日龄内进行。此外，疫病的发生有一定的季节性，如秋冬季易发病毒性疾病，夏季多发细菌性疾病。

四、选择合适的疫苗类型

疫苗一般有活苗、死苗、单价苗、多价苗、联苗等多种类型，不同的疫苗，其免疫期与接种途径也不一样。种鸭场要根据实际需要选择合适的疫苗类型，如新场址，幼龄鸭应选用灭活苗，预防选择联苗，而紧急接种使用单苗。另外，同一种鸭病由不同毒株所引起的，其抗原结构也不相同，必须选择免疫原性相同的疫苗接种。

五、科学安排接种时间和间隔

（一）避免免疫干扰

同时接种两种或多种疫苗常产生干扰现象，故两种病毒性活疫苗的接种时间至少间隔1周以上。免疫前后停止喷雾或饮水消毒，尤其是注射活菌苗前后禁用抗生素。

（二）首次接种应选择毒力较弱的活毒苗

在种鸭的一个生产周期内，某些疫苗需要多次免疫接种，这些疫苗的首次接种，应选择毒力较弱的活毒苗做启动免疫，以后再使用毒力稍强的或中等毒力的疫苗做补强免疫接种。

（三）防止应激

制定免疫计划要结合本场的实际和工作安排，避开转群、开产、产蛋高峰等敏感时期，以防止加剧应激。

六、考虑所饲养种鸭的品种特点

鸭的品种不同，对各种疾病的抵抗能力也不尽相同，由此对其免疫程序要有针对性。如樱桃谷种鸭易患的疾病主要是病毒性肝炎、鸭瘟和鸭霍乱，故樱桃谷种鸭养殖场（户）在制定免疫程序时要重点考虑这3种疾病的免疫问题，而其他鸭病则可根据当地疫情灵活安排。

樱桃谷鸭免疫程序可参考表8-1。

表8-1　樱桃谷鸭参考免疫程序

免疫时间	疫苗种类	接种方法
1~3日龄	鸭病毒性肝炎疫苗	肌肉注射
7日龄	传染性浆膜炎＋大肠杆菌二联苗	颈部皮下注射
10日龄	鸭瘟疫苗	肌肉注射
14日龄	禽流感疫苗	颈部皮下注射

七、注意鸭体已有抗体水平的影响

种鸭体内已经存在的抗体会中和接种的疫苗，因此在种鸭体内抗体水平过高时接种，免疫效果往往不理想，甚至是反面的。种鸭体内抗体来源分为两类：一是先天所得，即通过亲代种鸭免疫遗传给后代的母源抗体；二是通过后天免疫产生的抗体。

母鸭开产前已强制接种某疫苗，则所产种蛋孵出的雏鸭体内就含有高浓度的母源抗体，若此时接种疫苗则削弱雏鸭体内的母源抗体，使雏鸭在接种后几天内形成免疫空白，增加疾病感染机会。故在购买雏鸭前，应先知道种鸭的免疫情况，对于种鸭已免疫的疫苗，雏鸭应推迟该疫苗的接种时间。

后天免疫应选在种鸭抗体水平到达临界线时进行。抗体水平一般难以估计，有条件的种鸭场应通过监测，确定抗体水平；不具备条件的，可通过疫苗的使用情况及该疫苗产生抗体的规律确定抗体水平。

八、切实做好预防保健

预防保健是投资，治疗用药是消费，可见预防保健的重要性。一旦我们拿药去给鸭治病时，意味着损失已不可避免，只能尽最大努力降低损失，所以要做好预防保健。预防保健并不是一味地投药，而是根据鸭的生理生长特点，明确用药目的，然后合理地安排用药，既起到保健的目的，又降低日常用药的副作用。

饲养肉鸭的预防保健用药没有固定不变的程序，可根据自己本场的实际情况灵活制定。下列用药免疫程序可供参考。

（一）1～5日龄

主要加速胎粪及毒素的排泄，减少雏鸭因运输等造成的应激；净化沙门氏菌、大肠杆菌、支原体等病原体造成的垂直传播，预防鸭病毒性肝炎、脐炎等，为育雏创造一个良好的开端。黄芪多糖口服液、复合维生素、鸭病毒性肝炎冻干苗、高免血清或高免卵黄抗体、氟喹诺酮类、氟苯尼考、大观霉素+林可霉素等。首饮以选用黄芪多糖口服液、复合维生素等任何1种，混饮1次为宜。

其中，1~3日龄以净化病原体，预防脐炎、鸭传染性浆膜炎、鸭副伤寒等为目的。按药敏试验结果，以选用氟喹诺酮类、氟苯尼考、大观霉素+林可霉素等中的任何1种与黄芪多糖口服液联用，连用3天为宜。2日龄，进行鸭传染性肝炎疫苗免疫（无母源抗体或抗体水平很低的鸭群），皮下注射，每羽0.3~0.5毫升，宜晚上进行（高发地区此时可不免疫，皮下注射高免血清或高免卵黄抗体，间隔7日重复1次）。5日龄，进行鸭传染性肝炎疫苗免疫（母源抗体水平较高的鸭群），1倍量口服。疫苗与黄芪多糖口服液（抗原保护剂）同用最佳。

（二）6~8日龄

主要预防鸭流感，减缓免疫应激，预防鸭传染性浆膜炎、鸭副伤寒等，避免鸭群在免疫断档期遭受危害。可用鸭流感油苗、黄芪多糖口服液、半合成青霉素类、头孢菌素类、氟苯尼考、氟喹诺酮类等。按药敏试验结果选用敏感药物，连用3天。7日龄（免疫当日）宜选用鸭流感油苗，肌注，每羽0.3~0.5毫升。

（三）11~13日龄

主要预防禽大肠杆菌病、鸭传染性浆膜炎、鸭霉菌性肺炎等。推荐使用半合成青霉素类、头孢菌素类、氨基糖苷类、氟苯尼考、氟喹诺酮类、磺胺类、黄芪多糖口服液、硫酸铜等。按药敏试验结果选用敏感药物，连用3天；同时，饮用0.1%~0.3%硫酸铜溶液预防鸭霉菌性肺炎。

（四）14~16日龄

主要预防鸭瘟，减缓免疫应激反应及鸭支原体感染暴发。使用鸭瘟疫苗、黄芪多糖口服液、大环内酯类、氟喹诺酮类等。免疫前1日、免疫当日、免疫后1日以选用大环内酯类、氟喹诺酮类等中的任何 1 种，与黄芪多糖口服液联用，连用 3 天为宜。15 日（免疫当日）宜选用鸭瘟疫苗，肌注，每羽 0.3～0.5 毫升。

（五）17～19 日龄

主要预防禽大肠杆菌病、鸭传染性浆膜炎、鸭坏死性肠炎等。推荐使用半合成青霉素类、头孢菌素类、氨基糖苷类 + 林可胺类、氟苯尼考、氟喹诺酮类、黄芪多糖口服液等。按药敏试验结果选用敏感药物，连用 3 天为宜。

（六）22～25 日龄

保护或预防免疫空白期鸭群遭受病毒的侵害，提高免疫力，保肝护肾，使鸭群获得足够的保护力。推荐使用黄芪多糖口服液、中药抗病毒颗粒、干扰素、转移因子、清瘟败毒散、荆防败毒散、双黄连口服液、柠檬酸钠 + 氯化钾等。从中任选 1 种，与黄芪多糖口服液联用，连用 3～4 天为宜。

（七）27～30 日龄

主要预防鸭流感、鸭瘟以及鸭大肠杆菌病、禽霍乱与鸭传染性窦炎等混感。推荐使用中药抗病毒颗粒、干扰素、转移因子、清瘟败毒散、荆防败毒散、双黄连口服液、黄芪多糖口服液，氟喹诺酮类、新霉素 + 强力霉素、林可霉素 + 大观霉素等。以从中药抗病毒颗粒、干扰素、转移因子、清瘟败毒散、荆防败毒散、双黄连口服液中任选 1 种和氟喹诺酮类、新霉素 + 强力霉素、林可霉素 + 大观霉素等中的任何 1 种与黄芪多糖口服液联用，连用 3～4 天为宜。

（八）32 日龄到出栏

要严格饲养管理程序，加强兽医卫生防疫；提供充足营养，保肝护肾，维护肠道，催肥增重，提高出栏率。推荐使用黄芪多糖口服液、复合维生素、聚维酮碘、清瘟败毒散、荆防败毒散等。

采用先进饲养技术，提供清洁、充足的饲料和饮水，强化环境卫生，严格日常管理程序。

坚持 2～3 日 1 次带鸭消毒，以选用聚维酮碘、戊二醛等成分的消毒药，两种交替使用为宜；饮水消毒以选用聚维酮碘、癸甲溴铵、二氯异氰尿酸钠等成分的消毒剂任 1 种为宜；清理水线以选用癸甲溴铵、二氯异氰尿酸钠等成分的消毒剂任 1 种为宜；保肝护肾，预防腹水可选用乌洛托品、柠檬酸钠＋氯化钾等成分的保肾药任 1 种与黄芪多糖口服液联用为宜；补充营养、预防应激可选用复合维生素与黄芪多糖口服液联用为宜；保护肠道、预防肠炎可选用清瘟败毒散、荆防败毒散等任 1 种与黄芪多糖口服液联用为宜。

注意防疫前后、扩群、换料、停电等应激较大时，饮水中添加优质多维，最好是液体多维，溶解好、易吸收、不堵塞饮水线。

第九章 肉鸭常见病防治技术

第一节 肉鸭疾病诊断

一、肉鸭疾病临床诊断方法

（一）群体检查法

一般早晨起来检查粪便比较好，看粪便颜色、状态，粪便的异常变化往往是疾病的预兆。夜间听鸭群有无咳嗽、喘鸣等异常声音，咳嗽增多往往暴发呼吸道疾病。检查食欲及采食动作，发病前期肉鸭采食量急剧下滑。人为驱赶鸭群，观察运动状态和有否掉群现象，如出现羽毛松乱，缩颈闭目，食欲下降或拒食，行动迟缓或蹲伏在舍内一角，呼吸困难、张口伸脖，表明这些鸭患某种疾病。

（二）个体检查法

好的饲养人员要能对每个肉鸭都观察到，做到早期发现疾病。如鸭喙有水疱、溃疡或变形可能是鸭的光过敏性疾病；鼻腔分泌物从透明水样变黏性、摇头可能是霍乱，泄殖腔黏膜出血、溃疡可疑为鸭瘟；肉鸭腹部膨大可能是肉鸭腹水病；鸭翅出血相互啄羽是啄羽症。

（三）病料送检

为准确诊断鸭病，往往需要向鸭病检测部门递送病鸭或死鸭，以供检验。送选样本一定要具有代表性，发病严重能显示出特征性病变。患病鸭子病程中期为好，刚死去的也可以，最好不同性别、日龄的均有。如果送检的是死去鸭子，应选择刚刚死亡时间不长的鸭子，因死鸭尸体存放时间过长就会腐烂，不易观察出病理变化，失去剖解意义。送检时要尽可能多送几只病死鸭，为反映全群情况以3~5只为宜。夏天送检病死鸭子要行动迅速并放有冰块，减少尸体腐烂速度。鸭子在送检时要包装好，并在外表消好毒，严防鸭病在送检途中扩散和传播。

二、疾病的临床诊断知识

实践证明，在家养的禽类当中，肉鸭的发病率是比较低的。但由于环境变化、管理失当、疫情传播等多种因素的影响，肉鸭也会患上疾病。正确了解肉鸭常见病的诊断和防治知识对于搞好鸭病防控、提高养鸭生产水平具有十分重要的意义。所以，我们在向农民朋友介绍肉鸭饲养常识的同时，顺便介绍一些最常见的肉鸭疾病诊断和防治知识。一类是细菌性疾病，另一类是病毒性疾病，第三类是几种较常见的普通病。需要指出的是：让你了解这些最常见的肉鸭疾病诊断和防治知识不是让你自己去处理鸭病问题，而是让你能及早感知到鸭子得病了，大体是什么种类的疾病，以便及早找专业技术人员来解决问题。切不可自作聪明、自以为是、自作主张，自己处理鸭病问题。否则，一旦误事则后悔莫及。

第二节　肉鸭常见用药误区与正确给药方法

一、肉鸭常见用药误区

（一）没有根据盲目滥用药

一些养殖大户，在没有对肉鸭疾病进行明确诊断的情况下，就大量使用药物治疗，结果往往适得其反。有些养鸭户根本不了解每种药物都有特定的适应范围，而是采取瞎猫逮死耗子的方法去用药，用频繁换药的方法试探性地治疗鸭病。最常见的具体表现就是乱用抗菌药治疗病毒性疾病。如使用"头孢"类、"沙星"类抗生素治疗鸭传染性病毒性肝炎，到头来药钱没少花，药品没少用，鸭子没少死，治疗失败，损失加大。

　　滥用抗菌药是农村养鸭业中普遍存在的问题。无论鸭患的是内科病、寄生虫病、中毒病，还是传染病，一律用抗生素。抗生素的滥用一方面使耐药菌株迅速增加，给传染病的控制带来困难；另一方面破坏了鸭体内正常菌群的平衡，造成饲料消化率降低和维生素需要量的增加。

（二）不按规定的剂量、方法、疗程用药

　　使用剂量上许多兽药产品都是按每千克体重来计算，但大多养殖户不会计算。认为，用药剂量越大治疗效果越好，盲目加大用药量，任意加大剂量一倍甚至几倍。这样盲目地加大用药量，当时可能起到一定的效果，但对肉鸭却造成很大危害，同时也加大了用药成本。与此相反的做法是用药量不足，特别常见的是使用抗生素时，首次用量不加倍，达不到预期治疗效果，还造成病原微生物产生耐药性，使得治疗效果不佳或无效。其结果是既浪费了药费又未治好病，加重了肉鸭的病情。

　　也有不少养鸭户不按疗程用药，要么长时间使用同一种药物，要么用药 1～2 天后不见疗效就更换药物。殊不知每一种药物都需要一定的疗程，才能起到比较好的治疗效果。长时间使用同一种药物，不仅使致病菌产生耐药性，还会引起鸭体慢性中毒；不到疗程就更换药物，用药时间过短，一见病情有所好转，就开始停药，而随后不久，病情又见复发，造成二重感染，使疾病更难治愈。

（三）不懂药理，任意加大剂量

　　一些养鸭户在用药后不见疗效时，常常治病心切，总认为用药剂量越大效果越好，随意加大剂量，造成药物中毒或疾病加重。有

的养殖场户担心药品有效成分含量低，就把多种药物合用，随意加大用药剂量，结果疗效不确切，产生交叉感染；即便是有疗效，也无法弄清是哪种药物起作用；浪费药物，增加了开支。另外，一些用户贪图便宜，购买含量不足甚至假冒鸭药，防治毫无效果。

（四）随意配伍用药

有些养殖户认为，多种药物同时使用可以增强疗效，由于不懂药物成分和相互作用，常造成药物产生拮抗作用。

（五）给药途径不正确

用药途径直接影响到治疗或预防效果。给药途径不当，可导致肉鸭获得药量不足，达不到防治效果或药量超量致药物中毒。肉鸭给药途径多数为饮水用药、拌料给药、注射给药。

1. 饮水用药

饮水给药要考虑药物的溶解度和每只肉鸭的饮水量，饮用的水必须清洁、中性。饮水量与气温有关，夏天饮水用药时应降低药物浓度。冬天给水用药时应加大药物浓度。药品溶入水中不可存放时间过长，要在1小时内饮用完，防止药品失效。为达到这个要求，要在给鸭群投药前停止饮水2小时。

2. 拌料给药

在水中溶解度低的药物以拌料给药的方式为宜。拌料给药时应遵循"由少至多，逐渐拌均匀"的原则。具体方法是：先准备少量的玉米面或其他的粉状饲料，将已称量准确的药品倒入其中，反复翻拌。然后，再用和前面相同的方法翻拌2~3次。最后将已拌过药品的玉米面放入饲料中继续反复翻拌，直至药品和饲料完全拌匀再投放给鸭群采食。搅拌不均匀易引起部分小鸭药物中毒或影响疗效。注意投放给鸭群采食的拌有药品的饲料不要太多，以鸭群能在1小时之内吃完为宜。

3. 注射给药

注射给药工作量大，一些养鸭户往往图省事或者受条件限制，所有药物都采用饮水给药或拌料给药，常出现药物无效或药物中毒现象。因为有些药物需特定的给药方法才能取得较好的治疗效果。如青霉素的水溶液稳定性差，不宜饮水给药，只能肌注给药；庆大霉素等肠道不易吸收，采用饮水给药也无疗效；鸭腹泻时肠道机能紊乱，吸收能力减弱，药物在肠道内停留时间缩短，药效难以发挥，因此腹泻时应注射给药。

（六）不明药性，胡乱配伍用药

有许多药物存在配伍禁忌，因此不能混用，特别是配伍后药性（毒性）加剧的药品更应注意。如敌百虫与碱性药物混用，生成毒性更强的敌敌畏，对肉鸭是剧毒药品。不明药性乱配用，既增加了养鸭成本，又延误了治疗的最佳时机。

（七）不重视使用消毒药

搞好鸭舍、器具的消毒是杀灭或减少病原微生物的最有效手段，与治疗鸭病相比具有方法简单、安全可靠、花钱不多、效果明显的特点。但是，一些肉鸭养殖户，不重视消毒工作，预防用药意识差。多在发病时才使用药物治疗，违背了"预防为主，防重于治"的原则，其后果是鸭群疾病发展至中后期才得到治疗，严重影响了治疗效果，且增大了用药成本，经济效益大幅下降。

（八）不遵循"防重于治"的原则

有些养殖场户，片面理解肉鸭的饲养保健，总认为有病没病先用药物预防就是所谓的保健。殊不知，这样用药的后果是不但起不到防病作用，还会造成耐药性的产生，等到肉鸭真的生病了，就可能耽误治疗时机。也有一些养殖场户，平时不采取生物安全措施，没有重视环境卫生消毒，即便知道免疫的重要性，但操作不认真，或疫苗质量不佳，或免疫程序有失误，不按本场实际情况合理免疫，影响了免疫效果。

二、肉鸭的科学用药常识

（一）正确诊断是前提

结合当地疾病流行情况、本场发病史、用药史等情况尽快做出正确诊断，采取成功方案。

根据鸭群发病日龄，病势轻重，权衡利弊，灵活决定是否治疗。如果发病日龄较早，个体较小，必须做出正确诊断，果断投药治疗；如果发病日龄较晚，体重达标，考虑到药物残留，病情较重一般放弃治疗，果断出鸭。因为治疗起来得不偿失，死亡增加，料肉比提高。

在正确诊断的基础上，合理选择药物。控制细菌性疾病需要用到抗生素时，最好直接使用兽药厂家的产品进行药敏试验，选择最敏感的药物，并按一定用量和疗程使用才更有效。用量过大或疗程过长，都会引起细菌、病毒耐药性增强，肉鸭对细菌等病原的抵抗力下降，甚至引起药物的蓄积性中毒。尽量少用抗菌药物；预防和治疗时，能用一种决不用两种或多种抗菌药物；治疗时药量要足，疗程要够，切忌一两天换一种药物；抗菌药物不能长期作为饲料添加剂；用药要有的放矢，根据鸭的特点和药的特性选取药物，同时要准确称量，配比适当，采取最有效的给药方法。

三分治疗，七分护理。治疗的同时必须加强饲养管理，改善饲养环境，加强带鸭消毒，同时加大优质多维用量，有助于缩短治疗疗程，降低疾病损失。

（二）充分了解兽药，科学用药

加强对兽药知识的学习和了解，弄清药物的主要成分和药理作用。充分考虑肉鸭的实际病情，选用药效可靠、安全、方便、价廉的兽药。反对滥用药物，尤其不能长期大剂量使用抗菌药物。肉鸭正确用药的关键是对病情正确的诊断。一般肉鸭发病有的是由病毒引起的，如鸭瘟、鸭肝炎等；有的是由细菌感染的，如浆膜炎、大肠杆菌病。病毒病常采用干扰素、血清、卵黄抗体、黄芪多糖等药物治疗，细菌病选用高效的抗菌药物进行治疗。肉鸭用药治病，要掌握中药和西药相结合、抗病毒和抗细菌相结合的原则，不能盲目大剂量给药。几乎所有的药物不仅有治疗作用，也存在不良反应。科学地合理使用抗病毒药和抗菌药，按说明书的剂量，不能盲目地随意加大用药的剂量，以防药物中毒。如果在用药之前提前使用电解多维等药物，可以降低应激反应，提高鸭群的抗病力。

熟悉药物毒性，严格控制用药剂量和投药方式、投药时间。炎热夏季中午避开投药，如果药物适口性差就会严重影响喝水，极易导致中暑的发生，如果毒性强，饮水量大，极易出现中毒。

（三）注意投药方式，发挥药物疗效

要结合病情制定合理的给药方案，最好在兽医的指导下进行。用抗菌药治病时必须有合适的剂量、间隔时间及疗程，正确的做法应该是首次用量可增加一倍，随后几天用维持药量，一般用药疗程为3~5天。疗程应充足，一般的感染性疾病可连续用药3~5天，症状消失后，再巩固1~2天，以防复发。药物剂量的应用应根据病情，对急性传染病和严重感染病例剂量应增大，使药物在血液中尽快达到有效药物浓度，给病原以致命打击。药物的应用还应特别注意给药方式，一些药物内服易被胃酸和消化酶破坏，仅少量吸收，就不能采用口服。如青霉素类大部分要肌肉注射，很少一部分用于口服。对于呼吸道疾病可以喷雾治疗。

（四）注意药物选择，减少免疫抑制

近年来肉鸭免疫抑制病在不断增加，霉菌毒素和药物造成的免疫器官萎缩、免疫功能下降的现象也非常普遍。免疫抑制导致疫苗免疫效果差、机体抗病力差，容易发病，肉鸭难养。所以在控制免疫抑制病的情况下，必须做好药物应用，对于严重影响免疫抑制的药物要慎用或不用，尤其是在疫苗免疫时更要注意。

（五）注重联合用药

其实有些药物配合使用可以产生协同作用，两种杀菌性抗生素联合使用时，其产生增强作用的机会较多。如青霉素联用庆大霉素、克林霉素联用红霉素、喹诺酮类药物氟哌酸与恩诺沙星联合用，可以产生协同作用；而有些药物配合使用可以产生拮抗作用，杀菌性与抑菌性抗生素联合使用时，一般多表现为无关作用或拮抗作用，如青霉素联用红霉素、四环素，氟哌酸、土霉素钙和金霉素、盐霉素、莫能霉素都有拮抗作用等。磺胺药与抗菌增效剂三甲氧苄氨嘧啶 TMP 或二甲氧苄氨嘧啶（敌菌净）DVD 合用，使药物抗菌增强，抗菌范围扩大，收到很好的作用。新霉素与强力霉素增强疗效。应用抗菌药物治疗过程中还要注意耐药性，其中大肠杆菌、铜绿假单胞菌、痢疾杆菌等最易产生耐药性。还要考虑使用一些易得的中草药，如鱼腥草、青蒿、马齿苋等。

（六）定期消毒，加强免疫

定期进行消毒对防治鸭病具有积极作用。应该选用有机氯等高效低毒的消毒药，目前，用于肉鸭养殖场环境消毒的药物有：醛类（甲醛、戊二醛）、碱类（如烧碱、生石灰）、卤素类（氯制剂有漂白粉、消毒王、灭毒威等，碘制剂有碘三氧）、过氧化物类（如过氧乙酸）、季铵盐类（如百毒杀）。消毒前先要做物理性的清扫冲洗，以防有机物（如粪、尿、脓血、体液等）的存在，然后再喷洒药液进行消毒。制定消毒程序，一般 10 ~ 15 天进行 1 次带鸭消毒，5 ~ 7 天进行 1 次环境消毒。同时，疫苗预防必不可少，要加强疫苗的防疫，结合当地疫病制定合理的免疫程序，虽然肉鸭生长周期短，但是药物预防不能代替疫苗预防。

第三节 常见病毒病的防治

一、鸭病毒性肝炎

鸭病毒性肝炎是危害小鸭的一种急性、高度致死性的病毒性传染病，其特征是发病急、传播快、死亡率高。病鸭表现为角弓反张，头部向背部弯曲，腿脚出现痉挛性蹬踏，剖检可见到肝部肿大、发黄、出现出血斑点。

（一）流行情况

本病的病原是鸭肝炎病毒。主要发生于 3 ~ 20 日龄的雏鸭群，其他日龄段也有发病，生长迅速的肉鸭群发病率相对较高。一般情况下，发病日龄越早，病情也就越严重，对鸭群造成的损失也越大。

自然情况下只感染鸭，1 周龄雏鸭发病率可达 95% 以上，死亡率达 80% 左右，1 ~ 3 周龄的死亡率在 50% 左右，4 周龄以上的鸭发病率和死亡率都很低，鸭和鹅都不能自然感染发病；主要通过呼吸道和消化道传播，被病毒污染的垫料、鸭舍、饲料、饮水等均可成为传播媒介；四季均可发病，冬、春季发病最多；饲养管理不良，舍内温度不合适，密度太大，通风不良等，是该病传播的重要诱发因素；具有极强的传染性，一旦发生，传播很快，死亡率高。

（二）症状和病变

本病潜伏期仅 1 ~ 4 天，雏鸭常突然发病，且很快传遍全群。

临床特点是发病急、传播快、死亡率高。病鸭表现食欲减退或废绝，行动迟缓，跟不上群，然后出现闭目蹲伏或侧卧，拉绿色稀便，扭颈、歪头，呈角弓反张，倒向一侧，两腿痉挛后踢。发病后很快出现大批雏鸭死亡，死前头颈扭向后背，因此又称"背脊病"，而且死后也常保持角弓反张姿势。

病理变化主要表现为肝脏肿大，表面有出血点或片状出血，外观呈斑驳状，质地柔软易碎，有的是呈实质性坏死灶；胆囊肿大，充满茶褐色或淡绿色胆汁；脾脏肿大，有斑点状出血；肾脏肿大、充血。

（三）类症鉴别

临床上，对本病的诊断要注意与以下两种病鉴别。

雏鸭煤气中毒（一氧化碳），多发生于用烧煤的火炉供温、通风不良的鸭舍，常见于下半夜。主要表现雏鸭短时大批量死亡，离火炉越近死亡越多。剖检死亡鸭，血凝不良、鲜红。

养鸭生产中，偶尔会出现因用药不当或用药量严重超标而导致的大批量雏鸭急性药物中毒死亡。药物中毒的病例一般见不到肝脏的明显出血点或出血斑，可能表现为肝脏的瘀血现象，肠黏膜出血或充血。需要进行回顾性调查和饲养对比试验加以验证。

（四）防治

1. 主动免疫

对于无母源抗体（即种鸭开产前未接种疫苗）的商品雏鸭，可以在 1~3 日龄用鸭肝炎弱毒苗皮下注射 1 羽份/只，种母鸭、免疫过本病的雏鸭可推迟到 7 日龄免疫，可有效防治本病。

2. 被动免疫

种鸭在开产前 15 天左右接种 2 次鸭肝疫苗，之后每隔 3~4 个月加强免疫 1 次，可以保证雏鸭有较高的免疫抗体，从而获得较好的保护。

对污染严重的鸭场，10 日龄以后的雏鸭仍有部分被感染，应考虑避开母源抗体的高峰期加强免疫或注射高免卵黄或血清。

3. 治疗

对发病鸭群，越早治疗越好，可紧急注射免疫血清、高免血清或高免蛋黄匀浆治疗，每羽 1~1.5 毫升，严重时需要注射 2 次，先注射健康鸭再注射发病鸭。结合使用抗病毒药物，在水中添加维生素 C 保肝解毒，可促进机体恢复。

制备蛋黄匀浆时，可选取经鸭肝炎病毒免疫过的母鸭（或鸡）群所产的蛋，将蛋清去掉，再将蛋黄搅拌成匀浆，加适量青霉素和链霉素抑菌，配制成一定浓度的蛋黄液即成。

每 100 只鸭用茵陈 100 克，香薷、大黄、龙胆草、栀子、黄芩、黄柏、板蓝根各 40 克，煎水取汁加白糖 500 克，给鸭饮水或拌料，每天 1 剂，连用 3 天；同时每 50 千克饲料加禽用多维素 50 克、酵母片 100 片（捣碎）拌匀，也有一定效果。

4. 平时的预防措施

严格的防疫和消毒是预防本病的有效措施，避免从疫区或疫场购入带毒雏鸭，定期对鸭场的环境、用具进行消毒，以防止疾病传入和扩散。

二、鸭流感

即鸭流行性感冒，是由具有致病力的 A 型禽流感病毒引起的各品种肉鸭的病毒性传染病。临床上以表现呼吸道症状、神经症状、高发病率、心包炎、胰脏多量白色坏死点或透明样、液化样坏死点、坏死灶为特征。

（一）流行情况

鸭流感的病原为正黏病毒群的 A 型禽流感病毒，该病毒对外界尤其是对高温和紫外线抵抗力不强，而且许多消毒剂都能将它杀灭。

鸭流感病毒的血清型较多，不同血清型病毒的毒力差异很大，同一血清型流感病毒也可能由低毒转化为强毒。流感病毒的致病力差异很大，在自然情况下，有的毒株能使群鸭发病率和死亡率都很高，高的可达 100%，有的毒株仅引起呼吸道症状，死亡率低。各种日龄的鸭都有易感性，但临床上 1 月龄以上的肉鸭多见，一年四季均可发生，但冬、春季多见。

患本病的鸭群有的并发或继发鸭传染性浆膜炎、大肠杆菌病、沙门氏菌病、鸭霍乱或球虫病等。一旦并发或继发这些疾病，其死亡率明显高于单一感染。

（二）症状和病变

潜伏期长短不一，从数小时以至 2 ~ 3 天。由于肉鸭日龄、性别、有无并发症、病毒株和外界环境条件的不同，表现的症状也有很大的差异。患病肉鸭食欲减退或废绝，仅饮水，拉白色或带淡黄绿色水样稀粪。精神沉郁，腿软无力，伏卧地上，缩颈。部分患鸭有呼吸道症状。死前喙呈紫色，少数患鸭死前有神经症状，患鸭迅速脱水、消瘦、病程短，鸭群感染发病后 2 ~ 3 天内引起大批死亡。

种鸭感染后数天内，产蛋量迅速下降，有的鸭群产蛋率由 90%以上可降至 10% 以下，甚至停止产蛋。发病期间所产的蛋会出现各种不同的小型蛋、畸形蛋、沙壳蛋、软壳蛋等，且蛋内的质量也发生很大的变化。

主要病变为气囊浑浊，心肌出血或条状坏死，腺胃黏膜、乳头出血，胰脏出血或有坏死点，肾脏不同程度肿胀、出血。急性死亡的患鸭皮下特别是腹部皮下脂肪有散在性出血点，肝脏肿大，质地较脆，呈淡土黄色，有出血点。脾脏肿大，表面有针头大灰色坏死点。十二指场黏膜充血、出血，空肠、回肠黏膜间断性环状带，呈灰白色。肾脏肿大呈花斑状出血，脑膜充血。患病种鸭主要病变在卵巢，出现比较大的卵泡，卵泡膜严重充血、出血，有的卵泡萎缩，个别卵泡破裂于腹腔。

在应激因素多、饲养环境条件差的鸭场均可引起大批发病和高死亡率。

（三）防治

预防本病，不从鸭瘟疫区进鸭，平时严格执行对鸭舍、运动场等的消毒。对受鸭流感威胁的鸭群，在疫区或发病季节，可对雏鸭进行疫苗接种。普遍流行株 H5N1 可用灭活疫苗于 6 日龄初免，每只鸭颈部皮下注射 0.5 毫升。搞好管理，加强对环境的卫生消毒。

对本病没有特效药，根据情况可以适当用抗病毒药，使用抗菌药物防止继发感染，若病情严重而且发展快，应立即淘汰。

三、鸭瘟

鸭瘟又叫鸭病毒性肠炎，是由鸭瘟病毒引起的一种急性、热性、高度致死性传染病，是危害养鸭业最为严重的传染病之一。

（一）流行情况

鸭瘟病毒是一种疱疹病毒，各种年龄和品种的鸭均可感染，北京鸭、樱桃谷鸭等易感性较差，舍饲或大棚养殖为主的1月龄雏鸭少见大批死亡现象。鸭瘟的发生主要是购入病鸭或病鸭群中带毒的鸭，亦可能是由于使用被粪便污染的饮水、运输工具等引起。本病一年四季均可发生，但以春夏之交和秋季养鸭时易流行。

（二）症状和病变

潜伏期一般为2~4天，病初体温急剧升高到43℃以上，这时病鸭表现精神不佳，头颈缩起，食欲减少或停食，但想喝水，喜卧不愿走动。病鸭不愿游水、流泪、眼周围羽毛沾湿，甚至有脓性分泌物，将眼睑黏连。鼻腔亦有脓性分泌物，部分鸭头颈部肿大，俗称"大头瘟"或"肿头瘟"。病鸭下痢，呈绿色或灰白色稀粪。病后期体温下降，精神极度不好，一般病程为2~5天，慢性病例可拖至1周以上，消瘦，生长发育不良，体重轻。

解剖病死鸭可见到肠道出血和溃疡，肝部肿胀，有瘀血和出血斑点，腺胃出血，小肠上有出血环，食道上出现条纹状溃疡。

（三）防治

本病目前尚无特效疗法，以预防为主。不要到疫区购买种蛋、种鸭和鸭苗，必须购买时也要严格检查，隔离饲养2周确定无病后，才能混群；定期对鸭舍消毒。可以用鸭瘟弱毒苗免疫接种，肉鸭在7日龄首免，0.5羽份/只，皮下注射，高发病地区可以在30日龄二免，1羽份/只，肌肉注射；种鸭7~10日龄、30日龄、开产前2周分别免疫，以后每隔5~6个月免疫1次。

一个地区一旦发生鸭瘟，必须隔离消毒和紧急预防接种，每只鸭注射1~2头份（紧急接种后1~3天内，患鸭的死亡数可能会有所增加，属于正常情况，一般第4天后死亡数量会迅速减少）。同时，配合敏感抗生素，连用2~3天，以防继发感染细菌性疾病，并加强饲养管理。

第四节　常见细菌病的防治

一、鸭传染性浆膜炎

本病是由鸭疫里默氏杆菌引起的细菌性疾病，侵害雏鸭，发病率和死亡率都很高，是近几年来危害肉鸭的主要细菌病。

（一）流行情况

发生于10~30龄的鸭，2~3周龄的雏鸭最容易发病。一年四季均可发病，但是冬、春季发病相对较多。通过空气传播，由呼吸道、皮肤伤口感染。发病率高达90%，而死亡率高低不一，低的5%，高的可达80%，发病越早，发病率、死亡率越高。

（二）症状和病变

潜伏期一般为1~3天。急性的常无任何症状就死亡，一般情况下，病鸭表现为腿脚无力、步态不稳，出现摇头或点头、斜颈、角弓反张、抽搐等神经症状，拉黄绿色稀便，眼、鼻流出黏液性分泌物，使眼周围羽毛黏结，形成"湿眼圈"，耐过的鸭往往成为"僵鸭"。典型的病变为心包炎、肝周炎、气囊炎和脑膜炎，脾脏肿大、呈斑驳样。体表慢性感染肉鸭在屠宰后可见局部肿胀，表面粗糙，颜色发暗，切开见皮下组织出血，有多量渗出液。

（三）防治

加强饲养管理，尽量减少或避免应激；对鸭舍进行经常性消毒。

选用优质高效的疫苗，例如：鸭传染性浆膜炎灭活疫苗，雏鸭7～10日龄每羽皮下注射0.3毫升，成鸭每羽皮下注射0.5毫升，但因鸭疫里默氏杆菌血清型众多，效果往往不理想。

鸭疫里默氏杆菌对多种抗生素极易产生耐药性，应根据药敏试验结果选用敏感药物。

二、鸭大肠杆菌病

鸭大肠杆菌病是由大肠杆菌引起的一种急性败血性传染病。

（一）流行情况

各日龄的鸭均易感染，但以2～6周龄雏鸭多发。发病多在秋末至春初。鸭场卫生条件差、地面潮湿、舍内通风不良、饲养密度过大等容易发病。

（二）症状和病变

病鸭精神萎靡，食欲减退，呆立一旁，缩颈嗜睡，眼和鼻孔常附黏性分泌物，有的病鸭排出灰绿色稀便，呼吸困难。

病鸭表现肝脏肿大，呈青铜色。脾脏肿大，呈紫黑色斑纹状。典型的病变为全身浆膜呈渗出性炎症，心包膜、肝被膜和气囊壁表面附有黄白色纤维素性渗出物。出现淡黄色腹水。初生鸭发病后表现卵黄吸收不全，脐部发炎等。

（三）防治

同浆膜炎。如搞好环境卫生，加强鸭群饲养管理等，在高发地区或高发时期可以用浆膜炎大肠杆菌联苗免疫，能取得较好预防效果。

大肠杆菌耐药谱广，而且容易产生耐药性，生产中使用药物进行预防和治疗时，要定期更换药物或几种药物交替使用。最有效的方法是根据分离细菌的药敏试验结果来选用适当的抗生素。

三、鸭沙门氏杆菌病（副伤寒）

（一）发病情况

鸭沙门氏杆菌病又叫鸭副伤寒，是由沙门氏菌属的细菌引起的肉鸭的急性或慢性传染病。雏鸭感染发病时常出现大批死亡，成年鸭成为带菌者。

主要感染1~3周龄雏鸭，成年鸭感染时一般不表现临床症状。可通过污染的饲料、饮水等途径直接感染，也可经垫料、用具、鸭场内部的老鼠等媒介传播。另一个重要传播途径是种鸭被感染后经种蛋垂直传播，或孵化出雏过程中造成传播。雏鸭的发病率和病死率都很高，严重时可高达80%以上。种蛋污染后可引起死胚和孵化率严重下降。饲养管理差和环境状况不佳对本病的发生有重要影响。

（二）症状和病变

雏鸭发病后，食欲消失，渴欲增加，下痢，稀粪呈绿色或黄色水样；精神委顿，怕冷，两翼下垂；肛门周围有粪便粘污；患眼结膜炎，眼半开半闭；鼻流出浆液性或黏性分泌物。患鸭缩颈、颤抖、步态不稳，进而突然倒地、痉挛抽搐、头向后仰，持续2~3分钟后死亡。

病变主要是肝脏肿大、边缘钝圆，肝表面色泽不均匀，有时呈灰黄色，肝表面及实质中有细小密集的灰白色坏死点。整个肠道黏膜充血、出血，表面可见针头大灰白色坏死点。剪开肠道，可见肠黏膜脱落，形成糠麸样的内容物。少部分雏鸭盲肠肿大，内有干酪样物栓子，胆囊肿胀，充满胆汁。气囊浑浊不透明，肾脏色泽较淡，有尿酸盐沉积。有时还会引起心包炎和肝周炎。

（三）防治

加强和改善养鸭场的环境卫生，防止场地和器具污染沙门氏菌；及时收集种蛋，清除蛋壳表面的污物，入孵前应熏蒸消毒，对可疑沙门氏菌病鸭所产的蛋一律不作种用。孵化和出雏用具必须保持清洁，定期消毒。

鸭群一旦发生沙门氏菌病，应及时选用喹喏酮类药物等进行治疗。但沙门氏菌易产生耐药性，有条件的最好进行药敏试验筛选出高敏药物。

四、葡萄球菌病

鸭葡萄球菌病是一种急性或慢性传染病。幼雏感染发病后，常呈急性败血症经过，发病率高，死亡严重。中鸭感染发病后，经常引起关节炎，病程较长。

（一）流行情况

本病的病原为金黄色葡萄球菌，在自然界中分布广泛。一年四季均可发生，以雨季、潮湿时节发病较多。病菌从鸭皮肤的外伤和损伤的黏膜侵入鸭体，也可以通过直接接触和空气传播，雏鸭脐带感染也是常见的感染途径。鸭群过大、拥挤、通风不良、鸭舍空气污浊、鸭舍卫生较差、饲料单一以及存在某些疾病等因素，均可促进本病的发生和加重病情。

（二）症状和病变

本病可分为脐炎型、皮肤型、关节炎型和内脏型四种。肉鸭常见脐炎型和皮肤型。

脐炎型：经常发生于 7 日龄以内的雏鸭。病鸭体质瘦弱，缩颈闭眼，饮食减少，卵黄吸收不良，腹围膨大，脐部发炎，常因败血症死亡。病死雏鸭脐部常有坏死性病变，卵黄稀薄如水。

皮肤型：常发生于 3 周龄以上的雏鸭，多因皮肤外伤感染，引起局灶坏死性炎症或腹部皮下炎性肿胀，皮肤呈蓝紫色，触诊皮下有液体波动感。病死鸭皮下有出血性胶样浸润，液体呈黄棕色或棕褐色。

（三）防治

加强鸭群饲养管理，防止异物性外伤。垫料要柔软无刺伤性；搞好环境，保持鸭舍清洁干燥，定期消毒。

早期感染的个体可切开感染部位，清创治疗，或局部注射庆大霉素、卡那霉素、青霉素、氨苄青霉素等进行治疗，但这些方法费时费力，往往得不偿失。

五、败血支原体病

由鸭败血支原体引起的慢性呼吸道病，又叫鸭窦炎，发病率高，死亡率低。

（一）流行情况

本病一年四季均可发生。主要发生于 2～3 周龄的雏鸭，发病率高达 80%。可经污染的空气、种蛋传播，但是以垂直传播为主。育雏室温度过低、空气质量差、饲养密度大等容易导致本病的发生并传播，并加重病情。

（二）症状和病变

病初可见一侧或两侧眶下窦肿胀，出现隆起的鼓包，有波动感。病程久肿胀部位变硬，鼻腔发炎，流出浆液性或黏液性分泌物，病鸭出现甩头，有的还可见到眼内积蓄分泌物，后期有的造成失明。多见混合感染，单纯发病很少死亡，但会影响生长。

病鸭眶下窦内充满浆液性或黏液性分泌物，窦腔黏膜充血增厚，有的蓄积多量干酪样物质。结膜囊和鼻腔内有黏液性分泌物。气囊壁混浊、增厚，气囊内有黄色黏稠或干酪样物。

（三）防治

泰乐菌素、环丙沙星、恩诺沙星、氧氟沙星等对本病有效。泰乐菌素按每升 500 毫克对水混饮，连用 3～5 天；恩诺沙星按每升

25～75毫克对水混饮，连用3～5天；复方氟苯尼考可溶性粉按每升100～200毫克对水混饮，连用3～5天；盐酸环丙沙星可溶性粉按每升500毫克对水混饮或每100千克饲料100克混饲，连用3～5天。

六、鸭曲霉菌病

鸭曲霉菌病又名鸭曲霉菌性肺炎，是近年来肉鸭的一种常见、多发真菌病。主要侵害呼吸器官。

（一）流行情况

病原主要为烟曲霉菌，其他如黄曲霉菌、黑曲霉菌等也会引起发病。主要发生于3周龄以内的雏鸭，尤其是4～12日龄雏鸭易感性很高，常造成大批死亡；日龄越小，发病越严重。该病在多雨潮湿季节多见。经常由于垫草和饲料受到霉菌污染而发病，经由呼吸道感染。孵化器或种蛋被霉菌孢子污染后可引起胚胎死亡或导致新生雏鸭发病。

（二）症状和病变

呼吸困难，病鸭伸颈张口呼吸，咳嗽，后腹部起伏明显，有时出现间歇性强力咳嗽，并出现喘鸣声，气囊破裂时发出特殊的沙哑声。后期出现麻痹症状，有时发生痉挛或阵发性抽搐。急性病鸭在3～5天内死亡。慢性病例症状不明显，主要表现为行走困难、喘气、下痢，逐渐消瘦以致死亡。病鸭眼角膜浑浊，严重的眼内积有豆渣样物。解剖后见气囊和肺部有或多或少、大小不等的灰白色、黄白色或淡黄色小结节，气囊浑浊、变厚，有炎性渗出物覆盖，气囊膜上布满数量和大小不一的霉菌结节。有的病例在其他脏器、腹腔浆膜上也可见相似的霉菌结节或霉斑。

（三）防治

发病后治疗效果不理想，应以预防为主。加强饲养管理，搞好环境卫生，特别是鸭舍的通风和防潮；不用发霉的垫草和禁喂发霉饲料；搞好孵化器具和种蛋的消毒。

一旦鸭群发病，应及时找出致病因素并消除。治疗时可用制霉菌素，按每只雏鸭 1 次用 2~3 毫克，拌在饲料中，每天 2 次，连用3 天；克霉唑 0.02%~0.05% 拌料饲喂，连用 5~7 天；也可用0.05% 硫酸铜、0.5%~1.0% 碘化钾溶液饮水 3~4 天。

七、鸭霍乱（鸭巴氏杆菌病）

鸭霍乱又名鸭巴氏杆菌病或鸭出血性败血症，是引起鸭大量发病和死亡的一种接触性、急性败血性传染病。

（一）流行情况

由多杀性巴氏杆菌引起的接触性传染病。各种日龄、各种品种的鸭均易感染本病，产蛋鸭最易感。主要通过消化道和呼吸道感染。强毒力菌株感染后多呈败血性经过，急性发病，病死率高，可达30%~40%，较弱毒力的菌株感染后病程较慢，死亡率亦不高，常呈散发性。断水断料、突然改变饲料、天气的突变等环境应激因素都可使鸭霍乱的易感性提高。

（二）症状和病变

按病程长短可分为最急性、急性和慢性三型。

最急性型往往见不到明显症状，多在吃食时或吃食后突然抽搐、倒地死亡，或突然死于池塘边、放牧路上或夜晚。

急性型较为多见，病鸭常表现为精神萎靡、停止鸣叫，不愿下水游泳，即使下水，行动缓慢，常落于鸭群的后面或独蹲一隅，眼半开半闭。病鸭羽毛松乱，食欲减少或废绝。嗉囊内积食或积液，口和鼻流出黏液，呼吸困难，为企图排出积在喉头的黏液，病鸭常摇头，故又称"摇头瘟"。排出腥臭的白色或铜绿色的稀粪，少数病鸭粪中混有血液，还有的两脚瘫痪，不能行走，常在 1~3 天内死亡。

慢性型常见于疾病的流行后期，多为急性型转变而来。表现为一侧或两侧的关节肿胀，局部发热、疼痛，行走困难，跛行或完全不能行走而致死亡。

病理特征为浆膜和黏膜上有小点出血，肝脏有大量坏死病灶，慢性型主要表现为关节炎。

（三）防治

加强鸭群的饲养管理，雏鸭、中鸭、成年鸭要分群饲养，不从疫场或疫区引进鸭，引进后应隔离饲养 15～30 天，确认无病后才能转入场内。周围地区发生疫情后，立即接种禽霍乱疫苗；本场发病后，应积极采取封锁、隔离、消毒、治疗等工作。

对于常常发生此病的鸭场，可每周用穿心莲粉拌料饲喂 2～3 天，有较好的预防作用。对病鸭用青霉素、链霉素注射，或氟苯尼考拌料，恩诺沙星饮水等都有效。

第五节　常见中毒病的防治

肉鸭中毒的发生常因误食有毒物质或过量及较长时间服用一种药物而引起。肉鸭中毒病虽有别于传染性疾病，但往往给集约化生产带来很大的损失，它除引起鸭只大批死亡外，还会因慢性蓄积性中毒导致肉鸭饲料利用率降低，生长缓慢和生产性能下降，这些都应引起养殖户和技术员的高度重视。中毒病通常表现为采食减少，多数有神经症状，死后尸僵不全，血液凝固不全，常见消化道黏膜脱落等。

一、磺胺类药物中毒

服用磺胺类药物时间过长，或用量过大都会引起磺胺类药物中毒。

急性中毒表现为兴奋、拒食、拉稀、痉挛、麻痹等症状；慢性病例多见于大量或超过 1 周持续用药，表现为精神沉郁、食欲减少、腹泻、粪便呈酱油色，同时病鸭出现溶血性贫血（因磺胺药影响肠道微生物对维生素 K 和 B 族维生素的合成）。

停止服用磺胺类药，同时在饮水中添加 0.5% ~ 1% 小苏打、葡萄糖和维生素 C。

二、食盐中毒

误食含盐量过多的饲料或饮水均会引起食盐中毒，尤其是雏鸭对食盐中毒的敏感性特别高。

病鸭表现为食欲不振，渴感增强，口、鼻流出黏液；精神委顿，两脚无力，行动困难，常瘫痪，呼吸困难，鸣叫不安。

立即停喂含盐的饲料，给予加糖清洁饮水，多喂些青绿饲料。

第六节　常见寄生虫病的防治

一、球虫病

肉鸭球虫病是危害肉鸭的小肠而引起出血性肠炎的疾病，也是肉鸭常见的寄生虫病，发病率和死亡率均很高。尤其对雏鸭危害严重，常引起急性死亡。耐过的病鸭生长发育受阻、增重缓慢，对肉鸭养殖业造成巨大的经济损失。

鸭球虫属孢子虫亚门、孢子虫纲、球虫目、艾美耳科。家鸭球虫共有 10 个种，大部分寄生于肠道。其中，以泰泽属、毁灭泰泽球虫致病力最强。

球虫感染在鸭群中广泛发生，各种年龄的鸭均可发生感染。轻度感染通常不表现临床症状，成年鸭感染多呈良性经过，成为球虫的携带者。因此，成年鸭是引起雏鸭球虫病暴发的重要传染源。鸭球虫的发生往往是通过病鸭或带虫鸭的粪便污染饲料、饮水、土壤或用具引起传播的。

鸭球虫只感染鸭不感染其他禽类。2 ~ 3 周龄的雏鸭对球虫易感性最高，发生感染后通常引起急性暴发，死亡率一般为 20% ~ 70%，最高可达 80% 以上。随着日龄的增大，发病率和死亡率逐渐降低。6

月龄以上的鸭感染后通常不表现明显的症状。

发病季节与气温和湿度有着密切的关系，以 7~9 月发病率最高。

（一）临床症状

急性感染 2~3 周龄的雏鸭，精神委顿、缩颈垂翅、食欲废绝、喜卧、渴欲增加、腹泻，常排出暗红色或深红色血便，常在发病后 2~3 天内死亡。能耐过的病鸭于发病的第 4 天恢复食欲，但生长发育受阻，增重缓慢。而慢性球虫病则无明显症状，偶尔见有拉稀。

（二）病理变化

剖检急性死亡的病鸭，可见小肠弥漫性出血性肠炎，肠管病变严重，肠壁肿胀、出血；黏膜上密布针尖大小的出血点，有的见有红白相间的小点，肠道黏膜粗糙，黏膜上覆盖着一层糠麸样或奶酪状黏液，或有淡红色或深红色胶冻样血黏液。

（三）防治措施

加强饲养管理，鸭舍经常清扫消毒，及时更换垫草，保持干燥清洁。

治疗时，将群中健康的鸭转移到无污染的场地饲养，发病的鸭留在原地饲养，并进行场地清理消毒，将粪便无害化处理，以免继续感染。病鸭群用磺胺 -6- 甲氧嘧啶肌肉注射，0.3~0.5 毫升/天，连注 3 天，全部治愈。

二、绦虫病

本病是由绦虫寄生于鸭小肠引起的，有多种绦虫，常见的是剑带绦虫和膜壳绦虫。本病对鸭危害很大，常造成幼鸭大批死亡，是鸭的一种重要的寄生虫病。

本病主要侵害 2~4 月龄的幼鸭，多发生在夏季，常引起流行，造成大批死亡。虫体头节深入肠黏膜下，可造成肠炎、消化紊乱；

寄生多时可阻塞肠道，引起肠破裂；大量夺取患鸭营养；代谢产物可引起鸭中毒症状。可见病鸭消化紊乱，便秘腹泻交替，消瘦、贫血，生长发育迟缓，有时还可出现神经症状如步态不稳、歪颈仰头、麻痹痉挛等。病程 1～5 天，常死于恶病质。

诊断粪便检查到孕卵节片，或剖检看到虫体可以确诊。

不同日龄的鸭要分开饲养；同时定期驱虫，一般春、秋季各一次，所用药品为，吡喹酮 10～15 毫克/千克体重，口服；丙硫咪唑 20～30 毫克/千克体重，口服；硫双二氯酚 100～150 毫克/千克体重，口服。

第七节　常见综合征的防治

一、啄羽

肉鸭啄羽是指肉鸭在养殖过程中，群体中一只或多只鸭自啄或啄击其他个体羽毛的不良行为。

（一）发病原因

肉鸭啄羽有多方面的原因。常见的原因，一是环境条件差，有的养鸭户圈舍狭小，饲养密度过大（每平方米养 15 只以上），运动不足；有的户棚舍没有换气孔，通风不良；大部分圈舍过热、过湿，氨气味刺鼻，超过鸭群耐受程度；光照过强或光线明暗分布不均或光色不宜。二是饲料单一或日粮营养配比不合理，造成蛋白质含量不足或氨基酸缺乏，无机盐、维生素不足或因长期不补盐，饲喂时间不固定，时饱时饥等，钴元素缺乏而造成的脱毛症也易诱发啄羽现象。三是饲养管理不当，鸭粪清除不及时，发酵产生毒素、氨气等有害物质，刺激鸭体表皮肤发痒，圈养羽毛脏乱、污秽也能造成自啄，转而互啄。四是蚊虫叮咬，夏日蚊子、苍蝇等吸血性害虫大量繁殖，并叮咬肉鸭，使其体表奇痒而引起啄癖。因鸭翅尖部的大毛刚好在 24 日龄左右开始生长，故此部位被啄最严重，造成出血，毛干受损等。

（二）防治

1. 改善饲养环境，加强饲养管理

疏散养殖密度，改善通风与光照强度。笼养设计高度应为100~120厘米，以便打扫。鸭舍温度和湿度要适宜，满足不同日龄鸭所要求的温度，相对湿度保持在60%~70%，通风良好，光线不要太强，保持清洁卫生，地面干燥，人走进鸭舍感到不闷、不刺激鼻眼。

2. 及时断喙

对初生雏鸭，最好能及时断喙。初生雏鸭8~10日龄断啄，用鸭电烙断喙器将雏鸭喙尖烧烙，即可彻底避免啄癖的发生。

3. 投喂全价配合饲料

要给肉鸭投喂高品质的全价配合饲料，以提供合理足够的蛋白质、维生素、无机盐等，并定时饲喂。饲料原料要多样化，配方要科学合理，根据鸭生长日龄给予优质、全价日粮。因蛋白质钙磷不足，可添加5%豆饼或3%鱼粉、2%~4%骨粉或贝壳粉，因缺盐引起的可在饲料中添加1%~2%食盐，连喂2~3天，因缺硫引起的可补硫酸锌或硫酸钙，每只每天1~4克，适当添加青绿饲料或增喂羽毛粉。

4. 减少光照强度

一般用25瓦灯泡照明，鸭能看到吃食和饮水就可以了。小鸭可用红光、橙黄光，大鸭用红色或白光，可使鸭群安静，啄毛减少。

5. 定期灭蚊灭蝇

夏秋季节要定期杀灭蚊蝇。应注意用药浓度及使用方法，以免中毒。在饮水中或饲料中适当加喂维生素 B_{12}，可预防脱羽症诱发的啄癖。

6. 及时治疗

对发生啄羽的鸭群，应及时隔离，避免被啄范围进一步扩大；有损伤的肉鸭，损伤部位用0.1%的高锰酸钾溶液洗涤或涂紫药水或红霉素软膏，待结痂痊愈后再合群，避免啄击行为的进一步扩散；

适当运动，在饲料中加入适量的 0.2% ~ 0.3% 天然石膏粉末，一般每只鸭每天 1 ~ 4 克，也会起到很好的防治效果。

二、肉鸭瘫痪

高温高湿季节，肉鸭大都会在 11 ~ 27 日龄时出现后仰、站立不稳、瘫痪等临床表现。本病死亡率不高，发病率高低不同，一般为 1% ~ 5%，多以瘫痪后消瘦而死。此病有明显的季节性，春冬季节少见，夏秋多发。治疗效果不大，给养殖户带来不小的损失。

1. 发病原因

① 脑炎。主要是鸭在此阶段生长发育速度快，而心脏功能不完善，供血不足造成大脑缺氧造成瘫痪。

② 细菌性病，传染性浆膜炎、肠炎、关节炎等。

③ 钙磷比例失调，微量元素，维生素缺乏等。

④ 霉菌感染。

2. 临床症状与相应治疗

① 解剖时如见各个脏器无明显病理变化，只是发现脑膜出血，脑水肿。触摸头时感觉发烧。此时鸭只粪便正常。临床后仰、翻个、瘫痪、不食最后消瘦而死。此病在刚开始蹭跳，盲目运动时可以皮下注射头孢 + 安乃近治疗。

② 解剖时如见轻微浆膜炎症状，此时鸭只多以黄色、白色粪便为主。此时以治疗浆膜炎为主。

③ 剖检时如见其他脏器病变不明显，只有肝脏有轻微少量坏死点，此时鸭只多以黑色或黄色粪便为主，此种情况少见。以治疗浆膜炎药物为主，配合使用抗病毒药物。

三、呼吸道综合征

在市场上，经常发现鸭在 9 ~ 18 日龄会出现以呼吸道为主的疾病。其主要症状表现为：前期以打喷嚏为主，并迅速波及全群；随后出现咳嗽、流眼泪、鼻液增多，以后眼周围干燥，干咳。在这期间鸭的采食量和精神状况无明显改变。如果不及时采取治疗措施，一般会在 17～25 日龄出现精神沉郁、瘫痪、黑眼圈等症状，继而发生死亡。

针对此病的发病原因，目前还没有被真正了解，一般认为是呼吸道综合征。它的主要危害是鸭的呼吸道症状未被控制住，在 20 天之后鸭的死亡率会增高。

（一）发病原因

1. 管理方面

快速传播的病例，大都因为天气突然变凉，通风风速过快引起，这种情况主要在春秋季节发生。夏天发生一般认为与通风风速过快有关。

2. 鸭本身原因

肉鸭在 12～20 日龄时，生长速度很快，鸭心肺功能发育不健全，不能适应自身快速生长的需要，导致自身抵抗力差，发生呼吸道疾病。

3. 细菌、病毒及支原体感染

（二）临床症状及剖检变化

由于管理条件的不同，鸭的发病日期不同，早的在 7～8 日龄，晚者一般在 14～15 日龄，在 20 日龄出现一般不会造成大的损失，一般多发于 12～18 日龄。以打喷嚏，甩鼻，流鼻液、眼泪后出现咳嗽，先湿咳后干咳。个别出现瘫痪，神经症状。多出现黄白粪便。

前期解剖症状不明显，后期以浆膜炎症状为主，呼吸道环状出血，肺脏发黑，脾脏肿大，斑驳，呈大理石样。

（三）治疗措施

刚开始出现甩鼻、轻微呼吸道症状时，治疗效果一般不太明显。当鸭群出现个别咳嗽时开始治疗效果最好。治疗过程中中药效果明显优于西药，可用双黄连口服液配合治疗浆膜炎的药物，控制前期和中期的呼吸道症状，效果理想。

附　录

食品动物禁用的兽药及其他化合物清单

1. β-兴奋剂类：包括沙丁胺醇、克伦特罗、马希特罗及其盐、酯类制剂。

2. 性激素类：包括乙烯雌酚及其盐、酯类制剂。

3. 类雌激素物质：包括醋酸甲孕酮、米雌霉醇、去甲雄三烯醇酮及其制剂。

4. 氯霉素及其盐、酯类制剂，包括琥珀酰氯霉素。

5. 氨苯砜及其制剂。

6. 硝基呋喃类：包括呋喃唑酮、呋喃它酮、呋喃苯烯酸钠。

7. 硝基化合物：硝基酚钠、硝基烯腙及其制剂。

8. 镇静类：安眠酮及其制剂。

9. 林丹（丙体六六六）。

10. 毒杀芬（氯化烯）。

11. 呋喃丹（克百威）。

12. 杀虫脒（克死螨）。

13. 双甲脒。

14. 酒石酸锑钾。

15. 锥虫胂胺。

16. 孔雀石绿。

17. 五氯酚酰钠。

18. 汞制剂：包括硝酸亚汞、氯化亚汞（甘汞）、醋酸汞、吡啶基醋酸汞。

19. 性激素类：甲基丸酮、丙酸酮、苯丙酸诺龙、苯甲酸雌二醇及其盐。

20. 镇静类：包括氯丙嗪、安定及其盐、酯类制剂。

21. 硝基咪唑：甲硝唑、地美硝唑及其盐、酯类制剂。

其中，1~8 类在所有用途上禁止使用，在所有食用动物上禁止使用。9~18 类作为杀虫剂禁止使用，在所有食用动物上禁止使用。10 类作为清塘剂禁止使用。16 类作为抗菌用途也禁止使用。17 类作为杀螺剂禁止使用。19~21 类在促生长用途上禁止使用，在所有食用动物上禁止使用。

参考文献

［1］王继文，刘安芳，兰英. 怎样提高养鸭效益［M］. 北京：金盾出版社，2010

［2］黄炎坤，王新建. 肉鸭标准化生产技术［M］. 北京：金盾出版社，2010

［3］詹文辉. 肉鸭无公害饲养管理技术［J］. 农村养殖技术，2010（14）：20～22

［4］李连任. 塑料大棚养肉鸭夏季应注意什么［J］. 中国牧业通讯（养殖场顾问）. 2004（06）：52～53

［5］李连任，李长强. 大棚高效养殖肉鸭实用技术［M］. 北京：化学工业出版社，2013